수학과 교육과정에서 초등학교 수학 내용은 '수와 연산', '도형', '측정', '규칙성', '자료와 가능성'의 5개 영역으로 구성되는데, 우리가 이 교재에서 다룰 영역은 '도형·측정'입니다.

'도형' 영역에서는 평면도형과 입체도형의 개념, 구성요소, 성질과 공간감각을 다룹니다. 평면도형이나 입체도형의 개념과 성질에 대한 이해는 실생활 문제를 해결하는 데 기초가 되며, 수학의 다른 영역의 개념과 밀접하게 관련되어 있습니다. 또한 도형을 다루는 경험으로부터 비롯되는 공간감각은 수학적 소양을 기르는 데 도움이 됩니다.

'측정' 영역에서는 시간, 길이, 들이, 무게, 각도, 넓이, 부피 등 다양한 속성의 측정과 어림을 다룹니다. 우리 생활 주변의 측정 과정에서 경험하는 양의 비교, 측정, 어림은 수학 학습을 통해 길러야 할 중요한 기능이고, 이는 실생활이나 타 교과의 학습에서 유용하게 활용되며, 또한 측정을 통해 길러지는 양감은 수학적 소양을 기르는 데 도움이 됩니다.

이 책의 특징

1. 부족한 부분에 대한 집중 연습이 가능

도형·측정 영역은 직관적으로 쉽다고 느끼는 아이들도 있지만, 많은 아이들이 수·연산 영역에 비해 많이 어려워합니다.

길이, 무게, 넓이 등의 여러 속성을 비교하거나 어림해야 할 때는 섬세한 양감능력이 필요하고, 입체도형의 겉넓이나 부피를 구해야 할 때는 도형의 속성, 전개도의 이해는 물론 계산능력까지도 필요합니다. 도형을 돌리거나 뒤집는 대칭이동을 알아볼 때는 실제 해본 경험을 토대로 하여 형성된 추론능력이 필요하기도 합니다.

다른 여러 영역에 비해 도형·측정 영역은 이렇게 종합적이고 논리적인 사고와 직관력을 동시에 필요로 하기 때문에 문제 상황에 익숙해지기까지는 당황스러울 수밖에 없습니다. 하지만 절대 걱정할 필요가 없습니다.

기초부터 차근차근 쌓아 올라가야만 다른 단계로의 확장이 가능한 수·연산 등 다른 영역과 달리, 도형·측정 영역은 각각의 내용들이 독립성 있는 경우가 대부분이어서 부족한 부분만 집중 연습해도 충분히 그 부분의 완성도 있는 학습이 가능하기 때문입니다.

이번에 기탄에서 출시한 기탄영역별수학 도형·측정편으로 부족한 부분을 선택하여 집중적으로 연습해 보세요. 원하는 만큼 실력과 자신감이 쑥쑥 향상됩니다.

2. 학습 부담 없는 알맞은 분량

내게 부족한 부분을 선택해서 집중 연습하려고 할 때, 그 부분의 학습 분량이 너무 많으면 부담 때문에 시작하기조차 힘들 수 있습니다.

무조건 문제 수가 많은 것보다 학습의 흥미도를 떨어뜨리지 않는 범위 내에서 필요한 만큼 충분한 양일 때 학습효과가 가장 좋습니다.

기탄영역별수학 도형·측정편은 다루어야 할 내용을 세분화하여, 한 가지 내용에 대한 학습량도 권당 80쪽, 쪽당 문제 수도 3~8문제 정도로 여유 있게 배치하여 학습 부담을 줄이고 학습효과는 높였습니다.

학습자의 상태를 가장 많이 고민한 책, 기탄영역별수학 도형·측정편으로 미루어 두었던 수학에의 도전을 시작해 보세요.

이 책의 구성

★ 본 학습

제목을 통해 이번 차시에서 학습해야 할 내용이 무엇인지 짚어 보고, 그것을 익히기 위한 최적화된 연습문제를 반복해서 집중적으로 풀어 볼 수 있습니다.

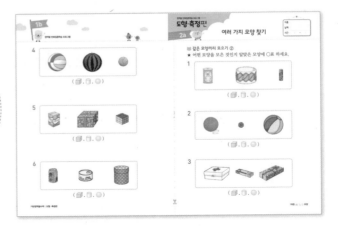

★ 성취도 테스트

성취도 테스트는 본문에서 집중 연습한 내용을 최종적으로 한번 더 확인해 보는 문제들로 구성되어 있습니다. 성취도 테스트를 풀어 본 후, 결과표에 내가 맞은 문제인지 틀린 문제인지 체크를 해가며 각각의 문항을 통해 성취해야 할 학습목표와 학습내용을 짚어 보고, 성취된 부분과 부족한 부분이 무엇인지 확인합니다.

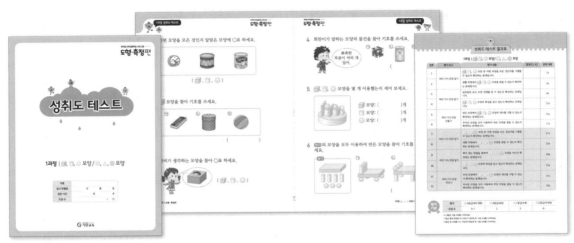

★ 정답과 풀이

차시별 정답 확인 후 제시된 풀이를 통해 올바른 문제 풀이 방법을 확인합니다.

· 직육면체
· 직육면체의 **부피**와 **겉넓이**

17
과정

차례
contents

🫕 직육면체

🫙 직육면체의 부피와 겉넓이

직사각형 6개로 둘러싸인 도형 알아보기

🐸 직육면체 찾기

★ 그림을 보고 물음에 답하세요.

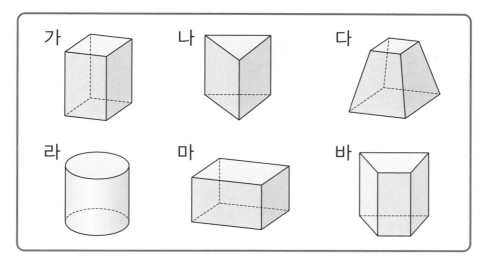

가   나   다

라   마   바

1 사각형으로만 둘러싸인 도형을 모두 찾아 기호를 써 보세요.

(   )

2 1번에서 찾은 도형 중에서 직사각형 6개로 둘러싸인 도형을 모두 찾아 기호를 써 보세요.

(   )

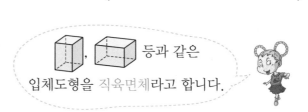

, 등과 같은

입체도형을 직육면체라고 합니다.

3 직사각형 6개로 둘러싸인 도형을 무엇이라고 하나요?

(   )

★ 그림을 보고 직육면체를 찾아 기호를 써 보세요.

4

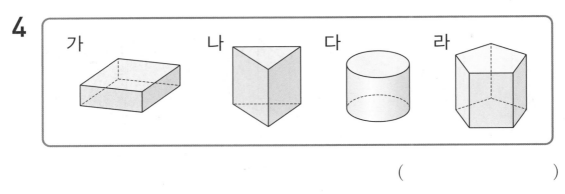

( )

5

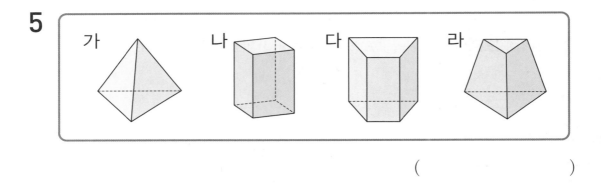

( )

6

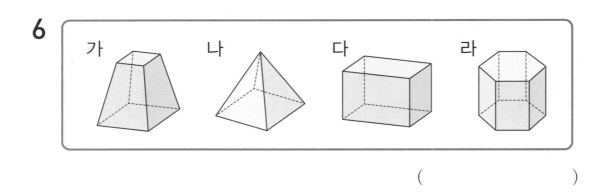

( )

직사각형 6개로 둘러싸인 도형 알아보기

이름 :

날짜 :

시간 :   :   ~   :

🐸 직육면체 알아보기 ①

1 ☐ 안에 직육면체 각 부분의 이름을 알맞게 써넣으세요.

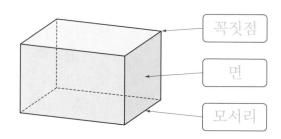

꼭짓점

면

모서리

2 ☐ 안에 알맞은 말을 써넣으세요.

직육면체에서 선분으로 둘러싸인 부분을 ☐ , 면과 면이 만나는 선분을

☐ , 모서리와 모서리가 만나는 점을 ☐ (이)라고 합니다.

3 직육면체를 보고 면, 모서리, 꼭짓점의 수를 각각 알아보세요.

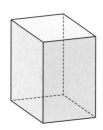

면의 수(개)	모서리의 수(개)	꼭짓점의 수(개)

★ 바르게 설명한 것은 ○표, 잘못 설명한 것은 ×표 하세요.

4 직사각형 6개로 둘러싸인 도형을 직육면체라고 합니다. ◯

5 직육면체에서 모서리와 모서리가 만나는 점을 면이라고 합니다. ◯

6 직육면체에서 면과 면이 만나는 선분을 꼭짓점이라고 합니다. ◯

7 직육면체의 모서리의 길이는 모두 같습니다. ◯

8 직육면체의 면은 6개, 꼭짓점은 8개, 모서리는 12개입니다. ◯

영역별 반복집중학습 프로그램

도형·측정편

3a

직사각형 6개로 둘러싸인 도형 알아보기

이름 :
날짜 :
시간 :   :   ~   :

🐸 **직육면체 알아보기 ②**

1 직육면체에서 보이는 면, 보이는 모서리, 보이는 꼭짓점의 수를 각각 구해 보세요.

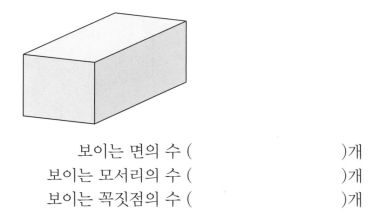

보이는 면의 수 (   )개
보이는 모서리의 수 (   )개
보이는 꼭짓점의 수 (   )개

2 그림을 보고 물음에 답하세요.

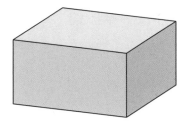

(1) 보이는 면을 모두 찾아 ○로 표시해 보세요.

(2) 보이는 모서리를 모두 찾아 ──으로 표시해 보세요.

(3) 보이는 꼭짓점을 모두 찾아 • 으로 표시해 보세요.

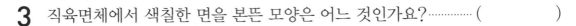

3 직육면체에서 색칠한 면을 본뜬 모양은 어느 것인가요?·············· (   )

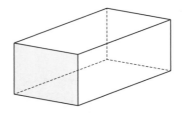

① 정오각형　② 직사각형　③ 마름모　④ 정육각형　⑤ 직각삼각형

4 직육면체에서 ㉠의 모서리와 길이가 같은 모서리를 모두 찾아 ○로 표시해 보세요.

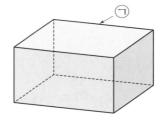

5 도형이 직육면체가 아닌 이유를 써 보세요.

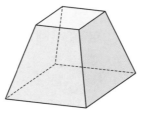

이유 _____

_____

영역별 반복집중학습 프로그램

도형·측정편 4a

정사각형 6개로 둘러싸인 도형 알아보기

이름 :

날짜 :

시간 :   :   ~   :

🐸 정육면체 찾기

★ 그림을 보고 물음에 답하세요.

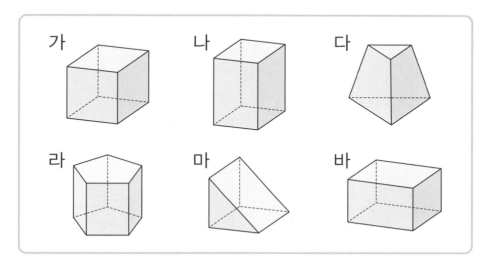

1 직사각형으로만 둘러싸인 도형을 모두 찾아 기호를 써 보세요.

(   )

2 1번에서 찾은 도형 중에서 정사각형 6개로 둘러싸인 도형을 찾아 기호를 써 보세요.

(   )

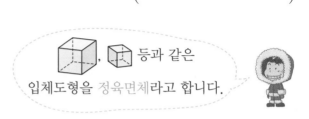

등과 같은 입체도형을 정육면체라고 합니다.

3 정사각형 6개로 둘러싸인 도형을 무엇이라고 하나요?

(   )

17과정 직육면체

★ 그림을 보고 정육면체를 찾아 기호를 써 보세요.

4

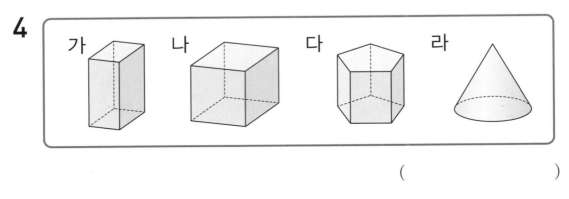

가　　　　나　　　　다　　　　라

(　　　　　　)

5

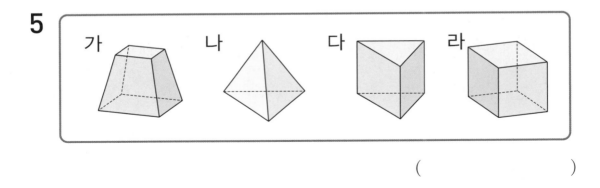

가　　　　나　　　　다　　　　라

(　　　　　　)

6

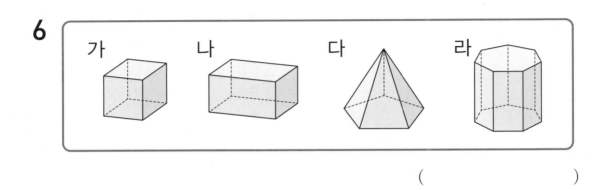

가　　　　나　　　　다　　　　라

(　　　　　　)

정사각형 6개로 둘러싸인 도형 알아보기

이름 :

날짜 :

시간 :   :   ~   :

🐸 정육면체 알아보기 ①

1 ☐ 안에 직육면체 각 부분의 이름을 알맞게 써넣으세요.

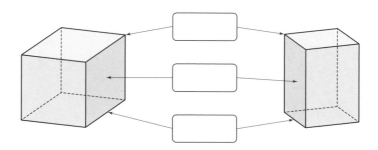

2 정육면체를 보고 면, 모서리, 꼭짓점의 수를 각각 알아보세요.

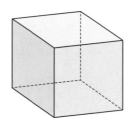

면의 수(개)	모서리의 수(개)	꼭짓점의 수(개)

3 정육면체를 보고 ☐ 안에 알맞게 써넣고 ◯표 하세요.

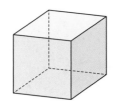

정육면체에서 면의 모양은 ☐☐☐☐이고, 각 모서리의 길이는 모두 (같습니다 , 다릅니다).

★ 바르게 설명한 것은 ○표, 잘못 설명한 것은 ×표 하세요.

4 정육면체의 면은 모두 정사각형입니다. ◯

5 정육면체는 직육면체라고 할 수 있습니다. ◯

6 직육면체는 정육면체라고 할 수 있습니다. ◯

7 정육면체의 모서리의 길이는 모두 같습니다. ◯

8 직육면체와 정육면체는 면, 모서리, 꼭짓점의 수가 각각 다릅니다. ◯

정사각형 6개로 둘러싸인 도형 알아보기

이름 :

날짜 :

시간 :   :   ~   :

🐸 정육면체 알아보기 ②

1 정육면체를 보고 물음에 답하세요.

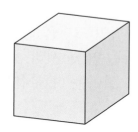

(1) 보이지 않는 면, 보이지 않는 모서리, 보이지 않는 꼭짓점의 수를 각각 구해 보세요.

보이지 않는 면의 수 (   )개

보이지 않는 모서리의 수 (   )개

보이지 않는 꼭짓점의 수 (   )개

(2) 보이는 꼭짓점과 보이지 않는 꼭짓점의 수의 합을 구해 보세요.

(   )개

2 한 모서리의 길이가 5 cm인 정육면체 모양의 주사위가 있습니다. 이 주사위의 모서리 길이의 합은 몇 cm인지 구해 보세요.

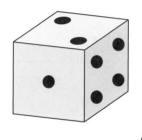

(   ) cm

3 틀린 것을 찾아 기호를 쓰고 바르게 고쳐 보세요.

> ㉠ 정사각형 6개로 둘러싸인 도형을 정육면체라고 합니다.
> ㉡ 직육면체와 정육면체는 면, 모서리, 꼭짓점의 수가 각각 같습니다.
> ㉢ 정육면체의 모서리의 길이는 다릅니다.

틀린 것 _____

고쳐 쓰기 _____

4 바르게 말한 친구는 누구인지 쓰고, 그 이유를 설명해 보세요.

정육면체는 직육면체라고
말할 수 있어.

직육면체는 정육면체라고
말할 수 있어.

도윤

미래

바르게 말한 친구 _____

이유 _____

_____

직육면체의 성질 알아보기

이름 :
날짜 :
시간 :   :   ~   :

🐸 직육면체의 성질 알아보기 ①

★ 직육면체에서 색칠한 면과 평행한 면을 찾아 색칠해 보세요.

1

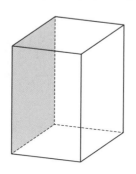

2

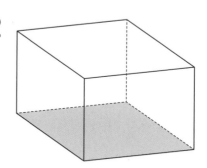

직육면체에서 색칠한 두 면처럼 계속 늘여도
만나지 않는 두 면을 서로 평행하다고 합니다. 이
두 면을 직육면체의 밑면이라고 합니다.
직육면체에는 평행한 면이 3쌍 있고 이 평행한
면은 각각 밑면이 될 수 있습니다.

3

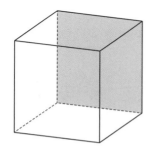

4

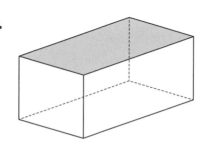

5 오른쪽 직육면체를 보고 ◯ 안에 알맞은 수나 말을 써넣으세요.

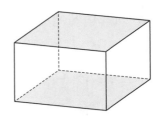

직육면체에서 평행한 두 면을 [   ](이)라고 하고, 서로 평행한 면은

모두 [   ]쌍입니다.

6 직육면체에서 색칠한 면과 평행한 면을 바르게 색칠한 것을 찾아 기호를 써 보세요.

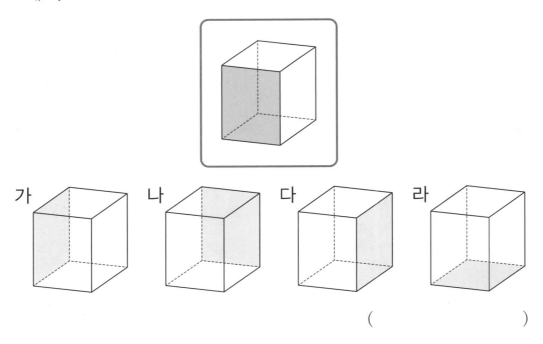

(   )

직육면체의 성질 알아보기

이름 :

날짜 :

시간 :   :   ~   :

🐸 직육면체의 성질 알아보기 ②

1 직육면체를 보고 물음에 답하세요.

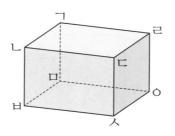

(1) 꼭짓점 ㄴ에서 만나는 면을 모두 써 보세요.

(   )

(2) 알맞은 것에 ○표 하세요.

꼭짓점 ㄴ에서 만나는 면들에 삼각자를 대어 보면, 꼭짓점 ㄴ을 중심으로 모두 (직각입니다 , 평행합니다).

삼각자 3개를 그림과 같이 놓았을 때
면 ㄱㄴㄷㄹ과 면 ㄷㅅㅇㄹ,
면 ㄴㅂㅅㄷ과 면 ㄷㅅㅇㄹ,
면 ㄱㄴㄷㄹ과 면 ㄴㅂㅅㄷ은
각각 수직입니다.

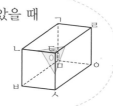

2 정육면체에서 색칠한 두 면이 이루는 각의 크기는 몇 도인가요?

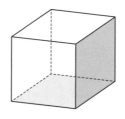

(   )°

3 직육면체에서 색칠한 면과 수직인 면을 잘못 색칠한 것을 찾아 기호를 써 보세요.

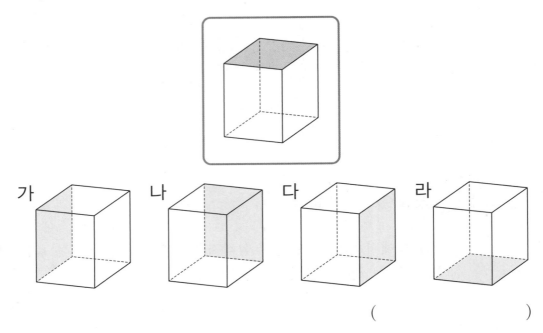

가   나   다   라

(   )

4 직육면체에서 색칠한 면이 밑면일 때, 옆면이 아닌 것은 어느 것인가요?

(   )

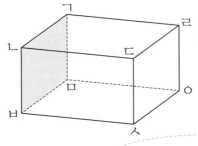

① 면 ㄱㄴㄷㄹ   ② 면 ㄴㅂㅅㄷ
③ 면 ㄹㄷㅅㅇ   ④ 면 ㅁㅂㅅㅇ
⑤ 면 ㄱㅁㅇㄹ

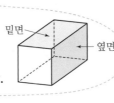

직육면체에서 밑면과 수직인 면을 직육면체의 옆면이라고 합니다. 직육면체에서 한 밑면의 옆면은 모두 4개입니다.

밑면   옆면

직육면체의 성질 알아보기

🐸 직육면체의 성질 알아보기 ③

1 직육면체를 보고 물음에 답하세요.

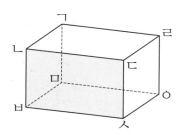

(1) 면 ㄴㅂㅅㄷ과 마주 보는 면을 찾아 써 보세요.

(   )

(2) 면 ㄴㅂㅅㄷ과 만나는 면을 모두 찾아 써 보세요.

(   )

2 직육면체에서 서로 평행한 면을 찾아 써 보세요.

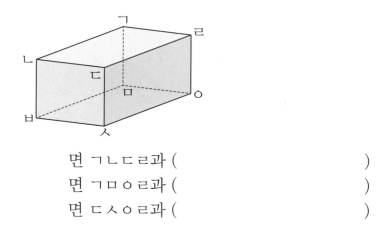

면 ㄱㄴㄷㄹ과 (   )

면 ㄱㅁㅇㄹ과 (   )

면 ㄷㅅㅇㄹ과 (   )

3 직육면체를 보고 물음에 답하세요.

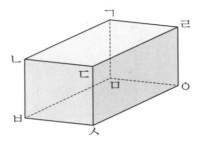

(1) 면 ㄱㅁㅇㄹ과 수직인 면을 모두 찾아 써 보세요.

( )

(2) 면 ㅁㅂㅅㅇ에 수직이 아닌 면을 찾아 써 보세요.

( )

4 직육면체를 보고 물음에 답하세요.

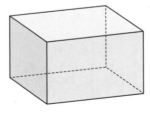

(1) 서로 평행한 면은 모두 몇 쌍인가요?

( )쌍

(2) 한 면에 수직인 면은 모두 몇 개인가요?

( )개

도형·측정편 **10a**

직육면체의 성질 알아보기

이름 :

날짜 :

시간 :   :   ~   :

🐸 직육면체의 성질 알아보기 ④

1 꼭짓점을 중심으로 면과 면이 만나는 부분에 삼각자 3개를 그림과 같이 놓았습니다. 옳은 것에 ○표, 옳지 않는 것에 ×표 하세요.

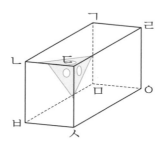

(1) 한 꼭짓점에서 만나는 면은 서로 수직입니다.　　　　（　　　　）

(2) 한 꼭짓점에서 만나는 면은 모두 4개입니다.　　　　（　　　　）

2 직육면체의 성질에 대해 잘못 설명한 친구를 쓰고, 바르게 고쳐 보세요.

- 지호: 한 면과 수직으로 만나는 면은 4개야.
- 은수: 서로 평행한 면은 모두 1쌍이야.
- 혜민: 한 꼭짓점에서 만나는 면은 모두 3개야.
- 서준: 한 모서리에서 만나는 두 면은 서로 수직이야.

잘못 설명한 친구 _____

고쳐 쓰기 _____

3 직육면체에서 면 ㄱㅁㅇㄹ과 평행한 면의 모서리의 길이의 합은 몇 cm인지 구해 보세요.

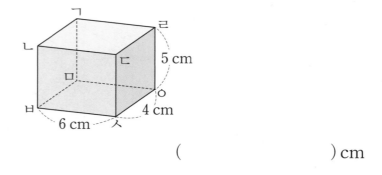

(   ) cm

4 직육면체에서 면 ㄱㄴㅂㅁ과 평행한 면의 모서리의 길이의 합은 몇 cm인지 구해 보세요.

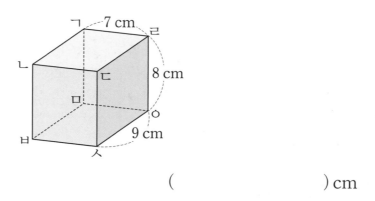

(   ) cm

영역별 반복집중학습 프로그램

도형·측정편

11a

직육면체의 겨냥도 알아보기

😀 직육면체의 겨냥도 알아보기 ①

1 여러 방향으로 관찰했을 때 보이는 직육면체의 면의 수를 모두 찾아보세요.

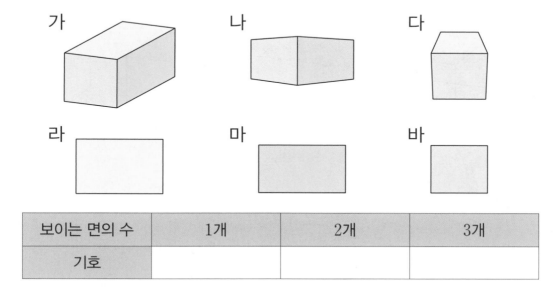

가   나   다

라   마   바

보이는 면의 수	1개	2개	3개
기호			

2 직육면체의 면, 모서리, 꼭짓점의 수를 써넣어 표를 완성해 보세요.

면의 수(개)		모서리의 수(개)		꼭짓점의 수(개)	
보이는 면	보이지 않는 면	보이는 모서리	보이지 않는 모서리	보이는 꼭짓점	보이지 않는 꼭짓점

3 직육면체의 겨냥도를 바르게 그린 것을 찾아 기호를 써 보세요.

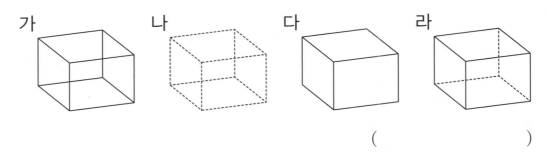

가   나   다   라

(   )

직육면체 모양을 잘 알 수 있도록 하기
위하여 보이는 모서리는
실선으로, 보이지 않는 모서리는
점선으로 그린 그림을
직육면체의 겨냥도라고 합니다.

4 정육면체의 겨냥도를 바르게 그린 것을 찾아 기호를 써 보세요.

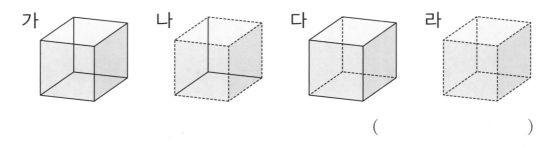

가   나   다   라

(   )

직육면체의 겨냥도 알아보기

🐸 직육면체의 겨냥도 알아보기 ②

★ 직육면체에서 보이지 않는 모서리를 점선으로 그려 넣으세요.

1

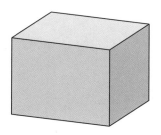

2

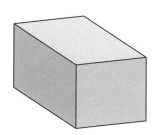

3

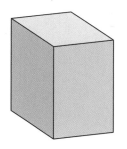

4

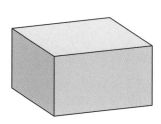

5

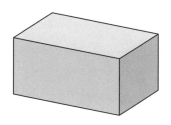

6

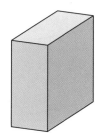

7 그림에서 빠진 부분을 그려 넣어 직육면체의 겨냥도를 완성해 보세요.

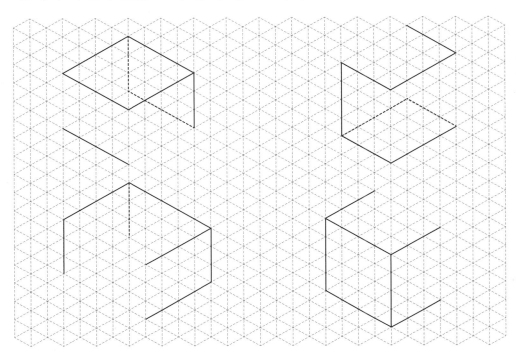

8 그림에서 빠진 부분을 그려 넣어 직육면체의 겨냥도를 완성해 보세요.

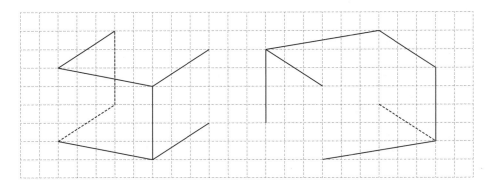

영역별 반복집중학습 프로그램

도형·측정편

13a

직육면체의 겨냥도 알아보기

이름 :

날짜 :

시간 :   :   ~   :

😀 직육면체의 겨냥도 알아보기 ③

1 직육면체의 겨냥도에 빠진 부분이 있습니다. 빠진 부분을 그려 넣고, 겨냥도를 설명해 보세요.

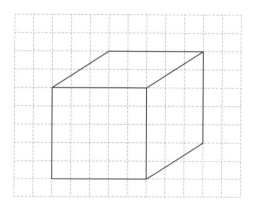

설명 _____

2 직육면체의 겨냥도를 잘못 설명한 것을 찾아 기호를 쓰고, 바르게 고쳐 보세요.

> ㉠ 보이는 면은 3개입니다.
> ㉡ 보이지 않는 꼭짓점은 3개입니다.
> ㉢ 보이는 모서리는 9개입니다.

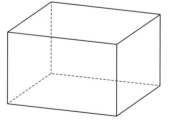

잘못 설명한 것 _____

고쳐 쓰기 _____

3 직육면체에서 보이는 모서리의 길이의 합은 몇 cm인지 구해 보세요.

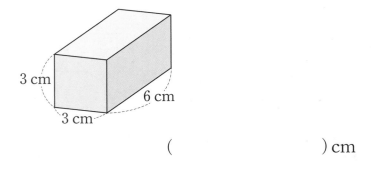

(   ) cm

4 직육면체에서 보이지 않는 모서리의 길이의 합은 몇 cm인지 구해 보세요.

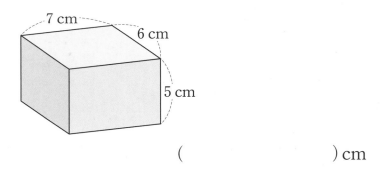

(   ) cm

5 직육면체에서 모든 모서리의 길이의 합은 몇 cm인지 구해 보세요.

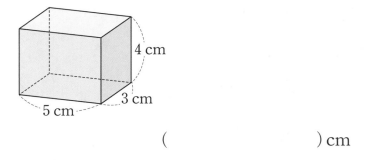

(   ) cm

정육면체의 전개도 알아보기

🐸 정육면체의 전개도 알아보기 ①

1 정육면체 모양의 상자를 펼치는 과정과 펼친 모양을 살펴보고 모눈 종이에 빠진 부분을 그려 넣으세요.

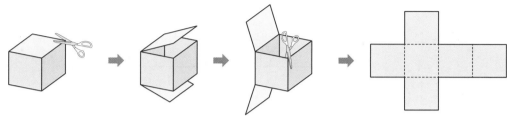

정육면체의 모서리를 잘라서 펼친 그림을 정육면체의 전개도라고 합니다. 정육면체의 전개도에서 잘린 모서리는 실선으로, 잘리지 않는 모서리는 점선으로 그립니다.

2 전개도를 접어서 정육면체를 만들었습니다. 물음에 답하세요.

(1) 색칠한 면과 평행한 면에 색칠해 보세요.

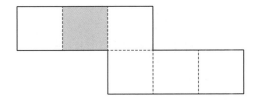

(2) 색칠한 면과 수직인 면에 모두 색칠해 보세요.

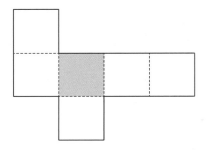

3 전개도를 접어서 정육면체를 만들었습니다. 물음에 답하세요.

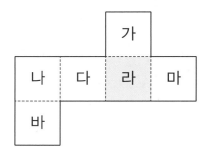

(1) 색칠한 면과 마주 보는 면을 찾아 써 보세요.

( )

(2) 색칠한 면과 수직인 면을 모두 찾아 써 보세요.

( )

도형·측정편

15a

정육면체의 전개도 알아보기

이름 :

날짜 :

시간 :   :   ~   :

🐸 정육면체의 전개도 알아보기 ②

1 전개도를 접었을 때 만나지 않는 것은 어느 것인가요?·············· (   )

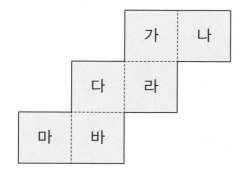

① 면 가와 면 나   ② 면 가와 면 라

③ 면 다와 면 라   ④ 면 마와 면 바

⑤ 면 라와 면 마

2 정육면체의 모서리를 잘라서 정육면체의 전개도를 만들었습니다. ☐ 안에 알맞은 기호를 써넣으세요.

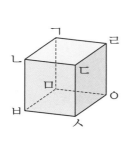

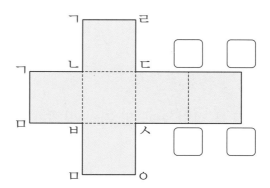

★ 전개도를 접어서 정육면체를 만들었습니다. 물음에 답하세요.

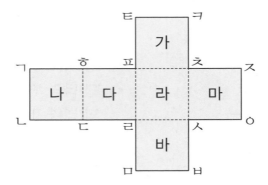

3 전개도를 접었을 때 점 ㅂ과 만나는 점을 모두 찾아 써 보세요.

(   )

4 전개도를 접었을 때 선분 ㅈㅇ과 겹쳐지는 선분을 찾아 써 보세요.

(   )

5 전개도를 접었을 때 면 가와 평행한 면을 찾아 써 보세요.

(   )

6 전개도를 접었을 때 면 다와 수직인 면을 모두 찾아 써 보세요.

(   )

도형·측정편

16a

정육면체의 전개도 알아보기

이름 :

날짜 :

시간 :　　:　　~　　:

🐸 정육면체의 전개도 알아보기 ③

★ 그림을 보고 물음에 답하세요.

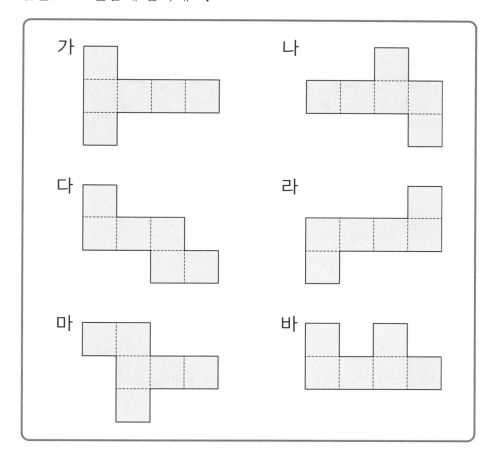

1 정육면체의 전개도가 아닌 것을 찾아 기호를 써 보세요.

(　　　　　　　　)

2 1번에서 찾은 것이 정육면체의 전개도가 될 수 없는 이유를 써 보세요.

이유 _____

_____

★ 그림을 보고 물음에 답하세요.

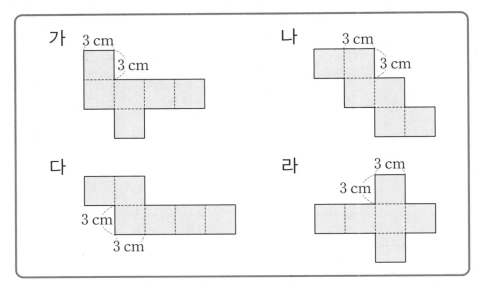

3 정육면체의 전개도를 모두 찾아 기호를 써 보세요.

(   )

4 정육면체의 전개도가 아닌 그림을 찾아 면 1개만 옮겨서 정육면체의 전개도가 될 수 있도록 그려 보세요.

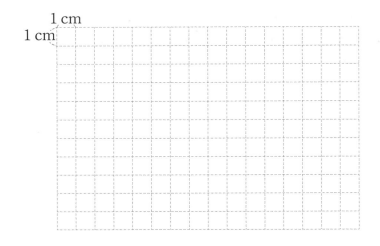

직육면체의 전개도 알아보기

🐸 **직육면체의 전개도 알아보기 ①**

1 직육면체의 전개도를 보고 물음에 답하세요.

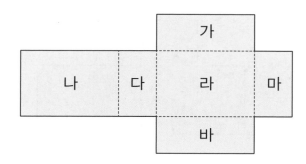

(1) 전개도를 접었을 때 면 **나**와 평행한 면을 찾아 써 보세요.

(　　　　　　　　　)

(2) 전개도를 접었을 때 면 **마**와 만나는 모서리가 없는 면을 찾아 써 보세요.

(　　　　　　　　　)

(3) 전개도를 접었을 때 면 **마**와 수직인 면을 모두 찾아 써 보세요.

(　　　　　　　　　　　　)

2 직육면체의 겨냥도를 보고 전개도를 그렸습니다. ▢ 안에 알맞은 기호를 써넣으세요.

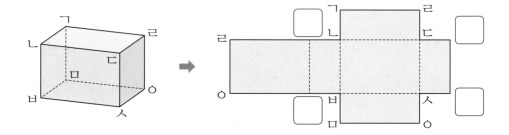

★ 직육면체의 전개도를 보고 물음에 답하세요.

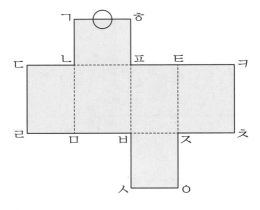

3 전개도를 접었을 때 점 ㄱ과 만나는 점을 모두 찾아 써 보세요.

(   )

4 전개도를 접었을 때 선분 ㄷㄹ과 겹쳐지는 선분을 찾아 써 보세요.

(   )

5 전개도를 접었을 때 선분 ㅅㅇ과 겹쳐지는 선분을 찾아 써 보세요.

(   )

6 선분 ㄱㅎ과 길이가 같은 선분을 모두 찾아 그 위에 ○표 하세요.

직육면체의 전개도 알아보기

🐸 직육면체의 전개도 알아보기 ②

1 직육면체의 전개도가 아닌 것을 찾아 기호를 써 보세요.

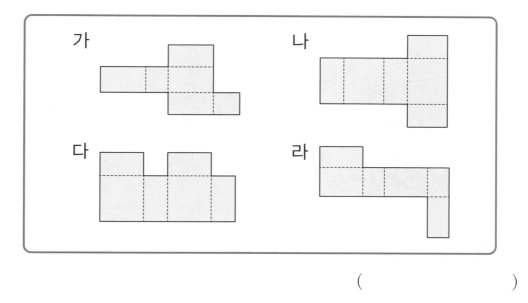

(   )

2 직육면체의 전개도를 모두 찾아 기호를 써 보세요.

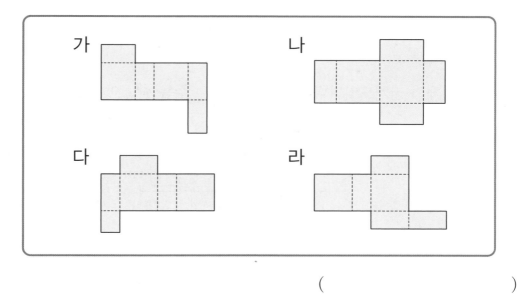

(   )

3 직육면체의 전개도를 그린 것입니다. ☐ 안에 알맞은 수를 써넣으세요.

(1)

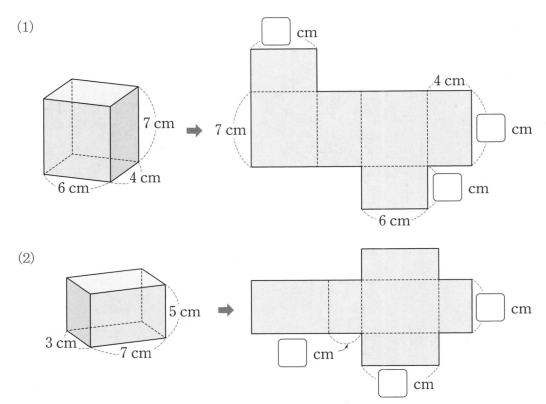

(2)

4 직육면체의 전개도입니다. ☐ 안에 알맞은 수를 써넣으세요.

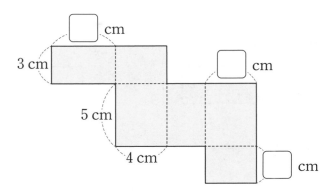

직육면체의 전개도 알아보기

🐸 직육면체의 전개도 알아보기 ③

★ 직육면체의 겨냥도를 보고 전개도를 그렸습니다. 빠진 부분을 그려 보세요.

1

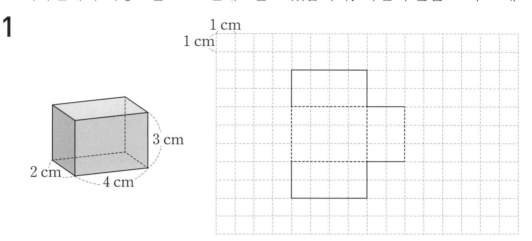

직육면체의 전개도에서
잘린 모서리는 실선으로,
잘리지 않는 모서리는
점선으로 그립니다.

2

영역별 반복집중학습 프로그램

3 직육면체의 전개도를 두 가지 방법으로 그려 보세요.

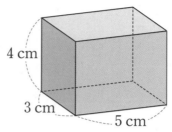

4 cm

3 cm

5 cm

1 cm
1 cm

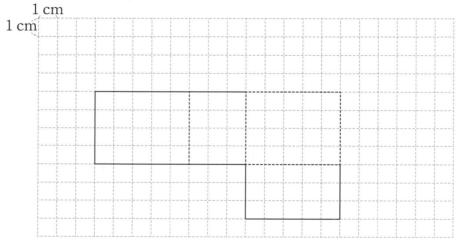

1 cm
1 cm

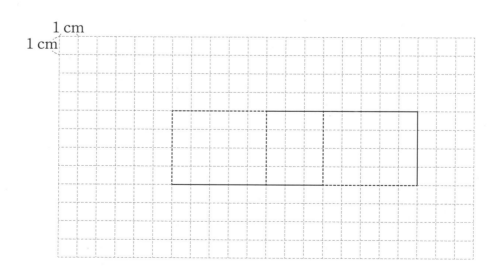

영역별 반복집중학습 프로그램

도형·측정편

20a

이름 :
날짜 :
시간 :   :   ~   :

직육면체의 전개도 알아보기

🐸 직육면체의 전개도 알아보기 ④

★ 직육면체의 겨냥도를 보고 전개도를 그려 보세요.

1

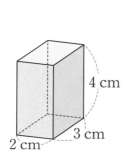

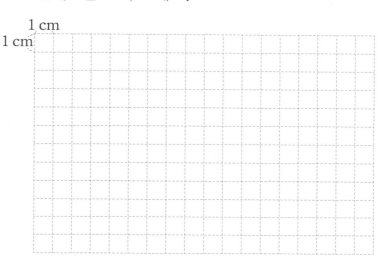

2

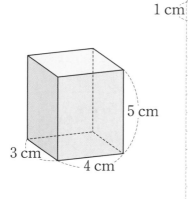

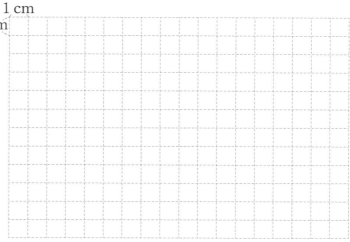

3 직육면체 모양의 선물 상자를 그림과 같이 끈으로 묶었습니다. 직육면체의 전개도가 다음과 같을 때, 끈이 지나가는 자리를 바르게 그려 넣으세요.

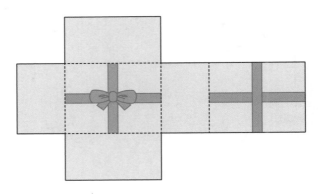

4 직육면체 모양의 상자에 선을 그었습니다. 그은 선을 전개도에 바르게 그려 넣으세요.

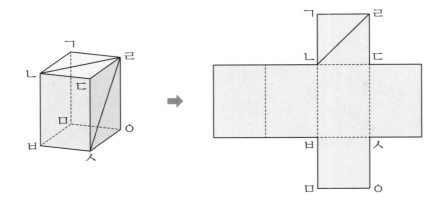

직육면체의 부피 비교하기

이름 :

날짜 :

시간 :   :   ~   :

🐸 상자를 맞대어 부피 비교하기

1 ☐ 안에 알맞은 기호를 써넣으세요.

가
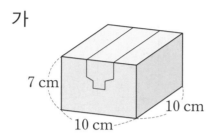

7 cm

10 cm

10 cm

나
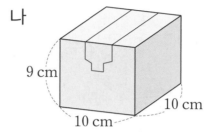

9 cm

10 cm

10 cm

상자 가와 나의 밑면의 넓이가 같으므로 높이가 더 높은 ☐의 부피가 더 큽니다.

어떤 물건이 공간에서 차지하는 크기를 부피라고 합니다.

직접 맞대어 부피를 비교하려면 가로, 세로, 높이 중에서 두 종류 이상의 길이가 같아야 합니다.

2 두 직육면체의 부피를 직접 맞대어 비교하여 ◯ 안에 >, =, <를 알맞게 써넣으세요.

가
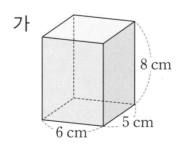

8 cm

6 cm

5 cm

나
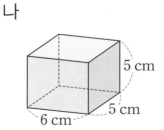

5 cm

6 cm

5 cm

가의 부피 ◯ 나의 부피

3 부피가 큰 직육면체부터 기호를 차례로 써 보세요.

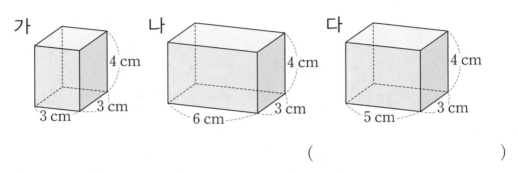

(   )

4 직접 맞대어 부피를 비교할 수 있는 상자끼리 짝 지어 보고 그 이유를 써 보세요.

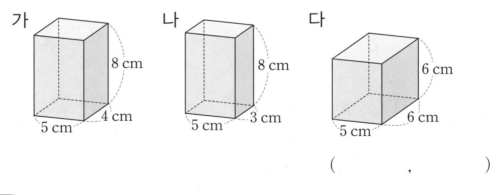

(,   )

이유 _____

_____

직육면체의 부피 비교하기

이름 :
날짜 :
시간 :   :   ~   :

🐸 **여러 가지 단위로 부피 비교하기 ①**

1 상자 가와 나에 크기가 같은 과자 상자를 담아 부피를 비교하려고 합니다. 물음에 답하세요.

가   나

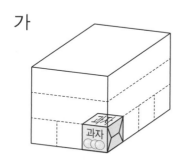   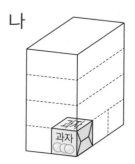

(1) 상자 **가**에 담을 수 있는 과자 상자는 몇 개인가요?

(   )개

(2) 상자 **나**에 담을 수 있는 과자 상자는 몇 개인가요?

(   )개

(3) 상자 **가**와 **나** 중에서 부피가 더 큰 상자는 어느 것인가요?

(   )

2 직육면체 모양의 상자 안에 크기가 같은 과자 상자를 담으려고 합니다. 더 많이 담을 수 있는 상자의 기호를 써 보세요.

가   나

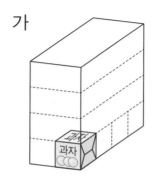   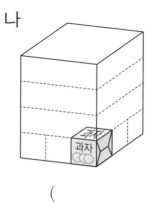

(   )

22b

영역별 반복집중학습 프로그램

3 세 상자에 크기가 같은 벽돌을 담아 부피를 비교하려고 합니다. 물음에 답하세요.

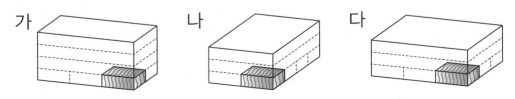

가   나   다

(1) 상자에 담을 수 있는 벽돌은 각각 몇 개인지 구해 보세요.

가: 6개씩 4층 ⇨ [ ]개

나: 8개씩 3층 ⇨ [ ]개

다: 9개씩 3층 ⇨ [ ]개

(2) 부피가 가장 큰 상자는 어느 것인가요?

(   )

4 크기가 같은 벽돌을 사용하여 세 상자의 부피를 비교하려고 합니다. 부피가 가장 큰 상자를 찾아 기호를 써 보세요.

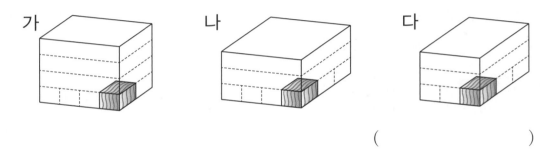

가   나   다

(   )

직육면체의 부피 비교하기

🐸 여러 가지 단위로 부피 비교하기 ②

1 크기가 같은 쌓기나무를 직육면체 모양으로 쌓은 후 부피를 비교하려고 합니다. 물음에 답하세요.

가

나
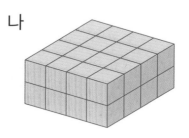

(1) 가와 나의 쌓기나무는 각각 몇 개씩인가요?

가 (   )개

나 (   )개

(2) 가와 나 중에서 부피가 더 큰 것은 어느 것인가요?

(   )

2 크기가 같은 쌓기나무를 사용하여 두 직육면체의 부피를 비교하려고 합니다. ◯ 안에 >, =, <를 알맞게 써넣으세요.

가
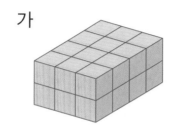

나
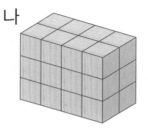

가의 부피 ◯ 나의 부피

3 상자 가와 나에 과자 상자와 벽돌을 각각 담아 부피를 비교하려고 합니다. 물음에 답하세요.

가 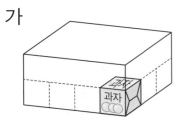   나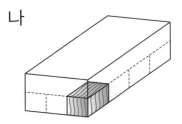

(1) 상자 **가**에 담을 수 있는 과자 상자는 몇 개인가요?

(   )개

(2) 상자 **나**에 담을 수 있는 벽돌은 몇 개인가요?

(   )개

(3) 상자 **가**와 **나**의 부피가 같다고 말할 수 있나요?

(   )

(4) (3)번에서 부피가 같다고 말할 수 없다면 그 이유는 무엇인가요?

이유 _____

_____

직육면체의 부피 구하는 방법 알아보기

이름 :
날짜 :
시간 :   :   ~   :

🐸 $1\,cm^3$ 알아보기

1 정육면체의 부피를 쓰고 읽어 보세요.

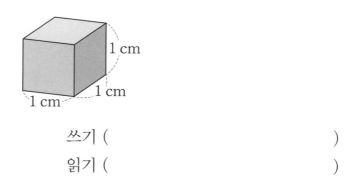

쓰기 (   )

읽기 (   )

부피를 나타낼 때 한 모서리의 길이가
$1\,cm$인 정육면체의 부피를 단위로 사용할 수
있습니다. 이 정육면체의 부피를 $1\,cm^3$라
쓰고, 1 세제곱센티미터라고 읽습니다.

2 다음 물건 중에서 부피가 $1\,cm^3$와 가장 비슷한 물건을 찾아 ○표 하세요.

동화책   필통   사물함   리모컨   각설탕   백과사전

3 부피가 1 cm³인 쌓기나무를 직육면체 모양으로 쌓았습니다. 쌓은 쌓기나무의 수와 부피를 각각 구해 보세요.

가
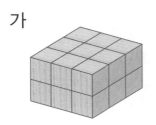

나
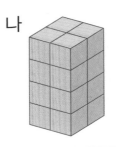

도형	가	나
쌓기나무의 수(개)		
부피(cm³)		

4 부피가 1 cm³인 쌓기나무를 직육면체 모양으로 쌓았습니다. 직육면체의 부피를 각각 구해 보세요.

가
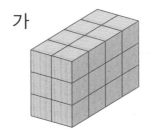

나
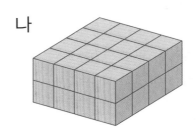

가 (   ) cm³
나 (   ) cm³

직육면체의 부피 구하는 방법 알아보기

🐸 직육면체의 부피 구하는 방법 알아보기 ①

★ 직육면체의 부피를 구하는 방법을 부피가 1 cm³인 쌓기나무를 사용하여 알아보세요. (1~4)

1 빈칸에 알맞은 수를 써넣고, 밑에 놓인 면의 가로가 2배, 3배가 되면 직육면체의 부피는 어떻게 변하는지 이야기해 보세요.

가   나   다

 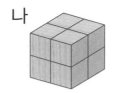 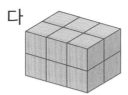

도형	가	나	다
쌓기나무의 수(개)			
부피(cm³)			

(   )

2 빈칸에 알맞은 수를 써넣고, 밑에 놓인 면의 세로가 2배, 3배가 되면 직육면체의 부피는 어떻게 변하는지 이야기해 보세요.

가   나   다

 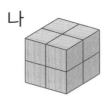 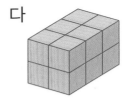

도형	가	나	다
쌓기나무의 수(개)			
부피(cm³)			

(   )

영역별 반복집중학습 프로그램

3 빈칸에 알맞은 수를 써넣고, 높이가 2배, 3배가 되면 직육면체의 부피는 어떻게 변하는지 이야기해 보세요.

가   나   다

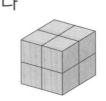   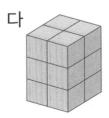

도형	가	나	다
쌓기나무의 수(개)			
부피(cm³)			

(   )

4 밑에 놓인 면의 가로, 세로와 높이가 각각 2배가 되면 직육면체의 부피는 어떻게 변하는지 알아보려고 합니다. 빈칸에 알맞은 수를 써넣으세요.

1 cm³

가   나   다

도형	가	나	다
쌓기나무의 수(개)			
부피(cm³)			

가로가 2배가 되면 부피도 2배, 가로, 세로가 2배가 되면 부피는 4배, 가로, 세로, 높이가 2배가 되면 부피는 8배가 됨을 알 수 있어요.

기탄영역별수학 | 도형·측정편

직육면체의 부피 구하는 방법 알아보기

이름 :
날짜 :
시간 :   :   ~   :

🐸 직육면체의 부피 구하는 방법 알아보기 ②

1 부피가 1 cm³인 쌓기나무를 사용하여 직육면체의 부피를 구하는 방법을 알아보세요.

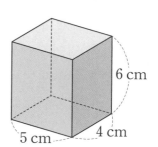

6 cm
5 cm   4 cm

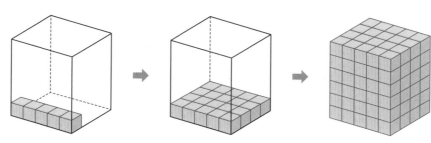

(1) 쌓기나무가 모두 몇 개 필요한가요?

(   )개

(2) 직육면체의 부피는 몇 cm³인가요?

(   ) cm³

(3) 직육면체의 부피를 어떻게 구할 수 있나요?

(   )

(4) 직육면체의 부피를 구하는 방법을 써 보세요.

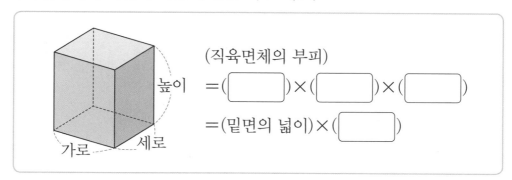

높이
가로   세로

(직육면체의 부피)
=(　　　)×(　　　)×(　　　)
=(밑면의 넓이)×(　　　)

2 직육면체의 부피를 구하는 방법을 이용하여 정육면체의 부피를 구하는 방법을 알아보세요.

(1) ☐ 안에 알맞은 수를 써넣으세요.

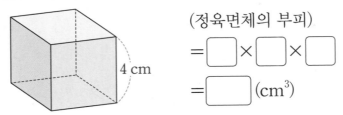

(정육면체의 부피)

= ☐ × ☐ × ☐

= ☐ (cm³)

(2) '한 모서리의 길이'로 정육면체의 부피를 구하는 방법을 써 보세요.

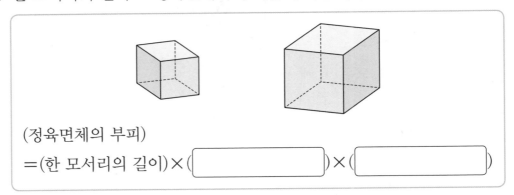

(정육면체의 부피)

= (한 모서리의 길이) × ( ) × ( )

3 부피가 1cm³인 쌓기나무를 정육면체 모양으로 쌓았습니다. ☐ 안에 알맞은 수를 써넣으세요.

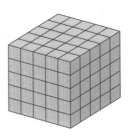

(1) (쌓기나무의 수) = 5 × ☐ × ☐ = ☐ (개)

(2) (정육면체의 부피) = 5 × ☐ × ☐ = ☐ (cm³)

직육면체의 부피 구하는 방법 알아보기

🐸 직육면체의 부피 구하기 ①

1 직육면체의 부피를 구하려고 합니다. ☐ 안에 알맞은 수를 써넣으세요.

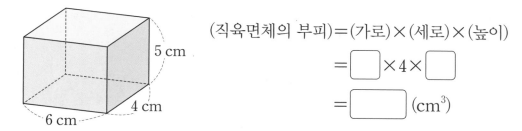

(직육면체의 부피)=(가로)×(세로)×(높이)

$$= \boxed{} \times 4 \times \boxed{}$$

$$= \boxed{} \, (cm^3)$$

5 cm

4 cm

6 cm

2 직육면체 모양의 물건의 부피를 구하려고 합니다. ☐ 안에 알맞은 수를 써 넣으세요.

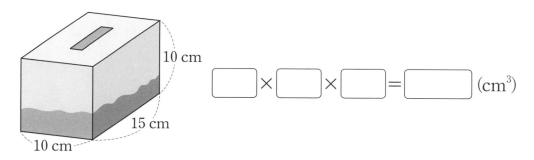

$$\boxed{} \times \boxed{} \times \boxed{} = \boxed{} \, (cm^3)$$

10 cm

15 cm

10 cm

3 직육면체의 부피를 구해 보세요.

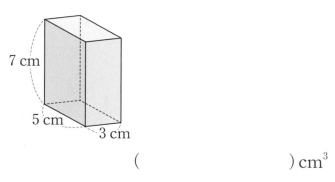

7 cm

5 cm

3 cm

(   ) cm³

4 정육면체의 부피를 구하려고 합니다. ☐ 안에 알맞은 수를 써넣으세요.

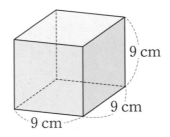

9 cm

9 cm

9 cm

(정육면체의 부피)
= (한 모서리의 길이) × (한 모서리의 길이) × (한 모서리의 길이)
= ☐ × ☐ × ☐ = ☐ (cm³)

5 정육면체 모양의 물건의 부피를 구하려고 합니다. ☐ 안에 알맞은 수를 써넣으세요.

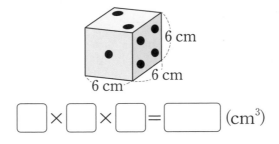

6 cm

6 cm

6 cm

☐ × ☐ × ☐ = ☐ (cm³)

6 정육면체의 부피를 구해 보세요.

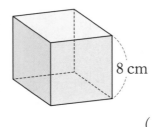

8 cm

(   ) cm³

도형·측정편
28a

직육면체의 부피 구하는
방법 알아보기

이름 :

날짜 :

시간 :   :   ~   :

🐸 직육면체의 부피 구하기 ②

1 주변에서 볼 수 있는 여러 가지 직육면체의 부피를 구해 보세요.

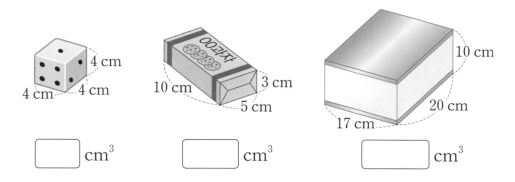

[   ] cm³   [   ] cm³   [   ] cm³

2 책상에 직육면체 모양의 물건들이 있습니다. 부피가 가장 큰 물건을 찾아 기호를 써 보세요.

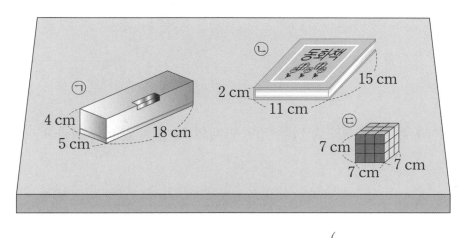

(   )

3 은채는 가로가 6 cm, 세로가 4 cm, 높이가 3 cm인 직육면체 모양의 지우개를 샀습니다. 은채가 산 지우개의 부피는 몇 cm^{3}인지 식을 쓰고 답을 구해 보세요.

식 _____

답 _____ cm^3

4 세윤이는 가로가 10 cm, 세로가 12 cm, 높이가 6 cm인 직육면체 모양의 상자에 들어 있는 과자를 사려고 합니다. 세윤이가 사려고 하는 과자 상자의 부피는 몇 cm^{3}인지 식을 쓰고 답을 구해 보세요.

식 _____

답 _____ cm^3

5 다음과 같은 전개도로 만든 정육면체의 부피는 몇 cm^{3}인가요?

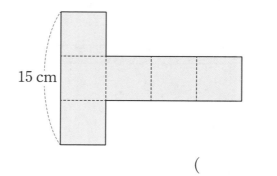

15 cm

(_____) cm^3

직육면체의 부피 구하는 방법 알아보기

🐸 직육면체의 부피 활용 ①

1 직육면체의 부피는 210 cm³입니다. 이 직육면체의 높이를 구해 보세요.

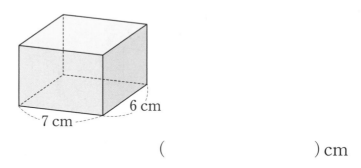

7 cm 6 cm

(   ) cm

2 직육면체의 부피는 560 cm³입니다. ☐ 안에 알맞은 수를 써넣으세요.

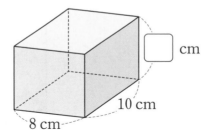

☐ cm

10 cm

8 cm

3 직육면체의 부피는 108 cm³입니다. ☐ 안에 알맞은 수를 써넣으세요.

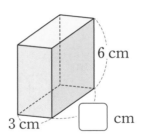

6 cm

3 cm ☐ cm

4 두 직육면체의 부피가 같습니다. ▢ 안에 알맞은 수를 써넣으세요.

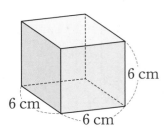

6 cm
6 cm
6 cm

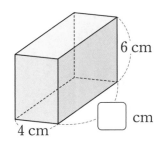

6 cm
4 cm
▢ cm

5 두 직육면체의 부피가 같습니다. ▢ 안에 알맞은 수를 써넣으세요.

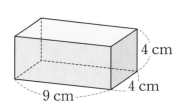

4 cm
4 cm
9 cm

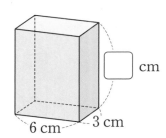

▢ cm
6 cm
3 cm

6 두 직육면체의 부피가 같습니다. ▢ 안에 알맞은 수를 써넣으세요.

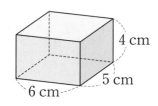

4 cm
5 cm
6 cm

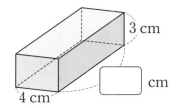

3 cm
4 cm
▢ cm

직육면체의 부피 구하는 방법 알아보기

이름 :
날짜 :
시간 :   :   ~   :

🐸 직육면체의 부피 활용 ②

1 작은 정육면체 여러 개를 다음과 같이 쌓았습니다. 쌓은 정육면체 모양의 부피가 64 cm³일 때 작은 정육면체의 한 모서리의 길이는 몇 cm인가요?

(   ) cm

2 작은 정육면체 여러 개를 다음과 같이 쌓았습니다. 쌓은 정육면체 모양의 부피가 729 cm³일 때 작은 정육면체의 한 모서리의 길이는 몇 cm인가요?

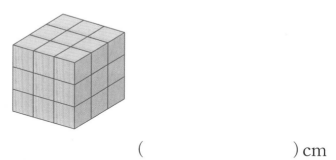

(   ) cm

3 한 모서리의 길이가 3 cm인 정육면체 모양의 주사위 27개를 쌓아 정육면체를 만들었습니다. 쌓은 정육면체의 한 모서리의 길이는 몇 cm인가요?

(   ) cm

17과정 직육면체의 부피와 겉넓이

4 부피가 72 cm³인 직육면체가 있습니다. 이 직육면체의 가로, 세로, 높이를 정해 표를 완성해 보세요.(각 모서리의 길이는 자연수입니다.)

가로(cm)	세로(cm)	높이(cm)	부피(cm³)
1	1	72	72
2	3	12	72
			72
			72

5 부피가 120 cm³인 직육면체가 있습니다. 이 직육면체의 가로, 세로, 높이를 정해 표를 완성해 보세요.(각 모서리의 길이는 자연수입니다.)

가로(cm)	세로(cm)	높이(cm)	부피(cm³)
1	2	60	120
			120
			120
			120

m³ 알아보기

🐸 **m³ 알아보기 ①**

1 그림을 보고 ☐ 안에 알맞게 써넣으세요.

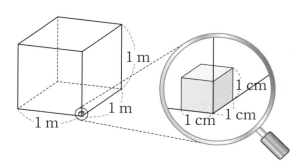

한 모서리의 길이가 1 m인 정육면체의 부피를 ☐ 1 m³ (이)라 쓰고,

☐ 1 세제곱미터 (이)라고 읽습니다.

2 ☐ 안에 알맞은 수를 써넣으세요.

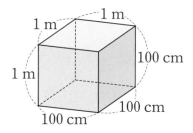

한 모서리의 길이가 1 m인 정육면체를 쌓는 데 부피가 1 cm³인 쌓기나무가

100 × ☐ × ☐ = ☐ (개) 필요합니다.

⇨ 1 m³ = ☐ cm³

★ 실제 부피에 가장 가까운 것을 찾아 이어 보세요.

3

선물 상자

· 60 cm³

· 6000 cm³

· 6 m³

4

지우개

· 21 cm³

· 2100 cm³

· 2.1 m³

5

방

· 30 m³

· 3000 cm³

· 30000 cm³

m³ 알아보기

😃 m³ 알아보기 ②

1 직육면체의 부피를 구하려고 합니다. 물음에 답하세요.

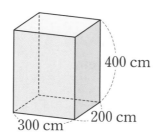

400 cm

300 cm   200 cm

(1) 직육면체의 가로, 세로, 높이를 각각 m로 나타내어 보세요.

가로 (   ) m

세로 (   ) m

높이 (   ) m

(2) 직육면체의 부피는 몇 m³인가요?

(   ) m³

2 직육면체의 부피를 구하려고 합니다. 물음에 답하세요.

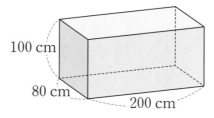

100 cm

80 cm   200 cm

(1) 직육면체의 가로, 세로, 높이를 각각 m로 나타내어 보세요.

가로 (   ) m

세로 (   ) m

높이 (   ) m

(2) 직육면체의 부피는 몇 m³인가요?

(   ) m³

★ ☐ 안에 알맞은 수를 써넣으세요.

3

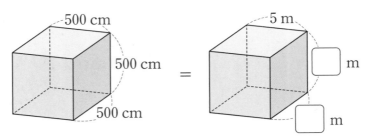

정육면체의 부피: ☐ cm³＝ ☐ m³

4

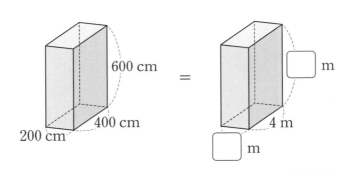

직육면체의 부피: ☐ cm³＝ ☐ m³

5 ☐ 안에 알맞은 수를 써넣으세요.

(1) $1 \text{ m}^3 =$ ☐ cm^3 (2) $1000000 \text{ cm}^3 =$ ☐ m^3

(3) $7 \text{ m}^3 =$ ☐ cm^3 (4) $5000000 \text{ cm}^3 =$ ☐ m^3

(5) $2.5 \text{ m}^3 =$ ☐ cm^3 (6) $4300000 \text{ cm}^3 =$ ☐ m^3

(7) $30 \text{ m}^3 =$ ☐ cm^3 (8) $60000000 \text{ cm}^3 =$ ☐ m^3

m³ 알아보기

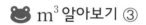 m³ 알아보기 ③

1 직육면체의 부피를 구해 보세요.

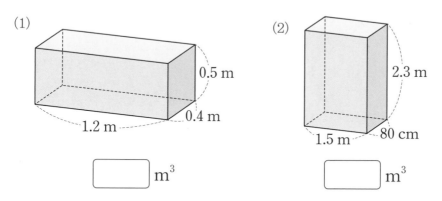

(1)

0.5 m
1.2 m
0.4 m

☐ m³

(2)

2.3 m
1.5 m
80 cm

☐ m³

2 직육면체의 부피를 구하여 cm³와 m³로 각각 나타내어 보세요.

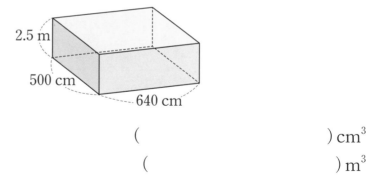

2.5 m
500 cm
640 cm

(   ) cm³
(   ) m³

3 가와 나 중에서 어느 것의 부피가 몇 m³ 더 큰지 구해 보세요.

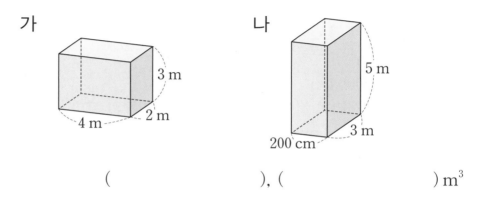

가

3 m
4 m
2 m

나

5 m
3 m
200 cm

(   ), (   ) m³

4 소미의 방에 있는 침대의 부피는 $1\,\text{m}^3$이고, 옷장의 부피는 $450000\,\text{cm}^3$입니다. 침대와 옷장의 부피의 차는 몇 cm^3인가요?

(   ) cm^3

5 부피가 작은 순서대로 기호를 써 보세요.

> ㉠ 한 모서리의 길이가 $200\,\text{cm}$인 정육면체의 부피
> ㉡ $7000000\,\text{cm}^3$
> ㉢ 가로가 $3\,\text{m}$, 세로가 $4\,\text{m}$, 높이가 $2\,\text{m}$인 직육면체의 부피
> ㉣ $12\,\text{m}^3$

(   )

6 부피가 큰 순서대로 기호를 써 보세요.

> ㉠ $3.6\,\text{m}^3$
> ㉡ $8500000\,\text{cm}^3$
> ㉢ 한 모서리의 길이가 $300\,\text{cm}$인 정육면체의 부피
> ㉣ 가로가 $0.8\,\text{m}$, 세로가 $6\,\text{m}$, 높이가 $50\,\text{cm}$인 직육면체의 부피

(   )

직육면체의 겉넓이 구하는 방법 알아보기

이름 :
날짜 :
시간 :   :   ~   :

🐸 직육면체의 겉넓이 구하는 방법 알아보기 ①

★ 직육면체의 겉넓이를 여러 가지 방법으로 구해 보세요. (1~4)

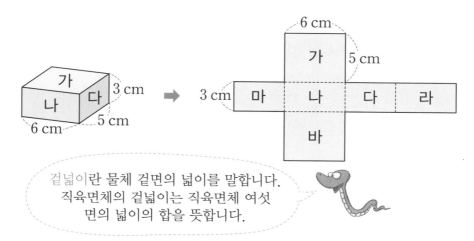

겉넓이란 물체 겉면의 넓이를 말합니다.
직육면체의 겉넓이는 직육면체 여섯
면의 넓이의 합을 뜻합니다.

1 표를 완성해 보세요.

면	가로(cm)	세로(cm)	넓이(cm²)
가			
나			
다			
라			
마			
바			

2 직육면체의 여섯 면의 넓이의 합으로 겉넓이를 구해 보세요.

(여섯 면의 넓이의 합)=가+나+다+라+마+바

= ☐ + ☐ + ☐ + ☐ + ☐ + ☐

= ☐ (cm²)

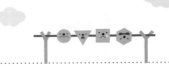
3 직육면체의 세 쌍의 면이 합동인 성질을 이용하여 겉넓이를 구해 보세요.

$$(한 꼭짓점에서 만나는 세 면의 넓이의 합) \times 2$$

$$= (가 + 나 + 다) \times 2$$

$$= (\boxed{} + \boxed{} + \boxed{}) \times 2$$

$$= \boxed{} \; (cm^2)$$

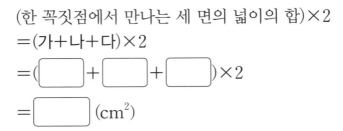

합동인 면이 세 쌍이 있다는 성질을 이용하면 직육면체의 겉넓이를 쉽게 구할 수 있어.

	가		
마	나	다	라
	바		

그러면 한 꼭짓점에서 만나는 세 면의 넓이를 더한 다음 두 배를 해도 되겠어.

4 직육면체의 옆면과 두 밑면의 넓이의 합으로 겉넓이를 구해 보세요.

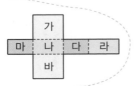

$$(옆면의 넓이) + (한 밑면의 넓이) \times 2$$

$$= (마, 나, 다, 라) + 가 \times 2$$

$$= \boxed{} \times \boxed{} + \boxed{} \times \boxed{} \times 2$$

$$= \boxed{} \; (cm^2)$$

직육면체의 겉넓이 구하는 방법 알아보기

이름 :

날짜 :

시간 :   :   ~   :

🐸 직육면체의 겉넓이 구하는 방법 알아보기 ②

★ 직육면체 모양의 상자가 있습니다. 이 상자의 겉넓이를 여러 가지 방법으로 구하려고 합니다. 물음에 답하세요.

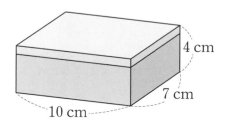

4 cm

7 cm

10 cm

1 상자의 겉넓이를 여섯 면의 넓이의 합으로 구해 보세요.

(여섯 면의 넓이의 합)

= ☐ + ☐ + ☐ + ☐ + ☐ + ☐

= ☐ (cm^2)

2 상자의 겉넓이를 세 쌍의 면이 합동인 성질을 이용하여 구해 보세요.

(한 꼭짓점에서 만나는 세 면의 넓이의 합)×2

= (☐ + ☐ + ☐) × 2

= ☐ (cm^2)

3 상자의 겉넓이를 옆면과 두 밑면의 넓이의 합으로 구해 보세요.

(옆면의 넓이) + (한 밑면의 넓이) × 2

= ☐ × ☐ + ☐ × ☐ × 2

= ☐ (cm^2)

영역별 반복집중학습 프로그램

★ 다음 직육면체의 겉넓이를 구하려고 합니다. 물음에 답하세요.

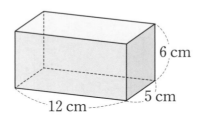

6 cm
5 cm
12 cm

4 식을 잘못 쓴 친구를 모두 찾아보세요.

하윤: 직육면체의 겉넓이는 여섯 면의 넓이의 합이니까 나는 여섯 면의 넓이를 모두 더할 거야.
⇨ $12 \times 5 + 12 \times 6 + 5 \times 6 + 12 \times 5 + 12 \times 6 + 5 \times 6$

우진: 합동인 면이 3쌍이므로 세 면의 넓이를 구해 각각 2배 한 뒤 더해 볼래.
⇨ $12 \times 5 \times 2 + 12 \times 6 \times 2 + 5 \times 6 \times 2$

서준: 합동인 면이 3쌍이라는 성질을 이용해서 간단하게 풀 수 있어.
⇨ $12 \times 5 + 12 \times 6 + 5 \times 6$

수아: 나는 한 밑면의 넓이를 2배 하고 옆면의 넓이를 더해야겠어.
⇨ $12 \times 5 + (12 + 5) \times 6$

(　　　　　　　　　)

5 4번에서 잘못 쓴 식을 바르게 고치고, 직육면체의 겉넓이를 구해 보세요.

_____

_____

영역별 반복집중학습 프로그램

도형·측정편

36a

직육면체의 겉넓이 구하는 방법 알아보기

🐸 직육면체의 겉넓이 구하는 방법 알아보기 ③

1 직육면체의 전개도를 이용하여 겉넓이를 구하려고 합니다. 물음에 답하세요.

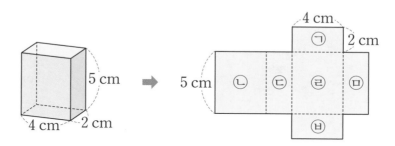

(1) 각 면의 넓이를 구해 보세요.

ㄱ (   ) cm², ㄴ (   ) cm²

ㄷ (   ) cm², ㄹ (   ) cm²

ㅁ (   ) cm², ㅂ (   ) cm²

(2) 직육면체의 겉넓이는 몇 cm²인가요?

(   ) cm²

2 직육면체의 전개도를 이용하여 겉넓이를 구하려고 합니다. ☐ 안에 알맞은 수를 써넣으세요.

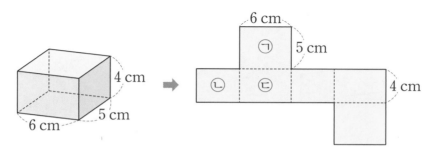

(직육면체의 겉넓이)＝(ㄱ＋ㄴ＋ㄷ)×2

＝(30＋☐＋☐)×2＝☐ (cm²)

★ 직육면체의 겉넓이를 구해 보세요.

3

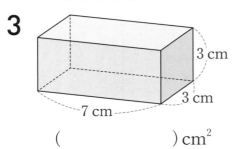

3 cm
3 cm
7 cm

(   ) cm^2

4

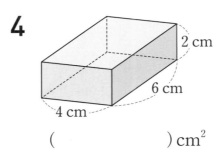

2 cm
6 cm
4 cm

(   ) cm^2

5

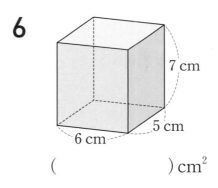

3 cm
4 cm
5 cm

(   ) cm^2

6

7 cm
5 cm
6 cm

(   ) cm^2

7

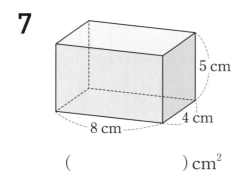

5 cm
4 cm
8 cm

(   ) cm^2

8

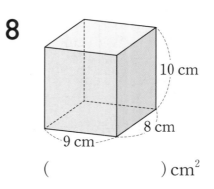

10 cm
8 cm
9 cm

(   ) cm^2

직육면체의 겉넓이 구하는 방법 알아보기

이름 :

날짜 :

시간 :   :   ~   :

😀 직육면체의 겉넓이 구하는 방법 알아보기 ④

★ 전개도를 이용하여 정육면체의 겉넓이를 구하려고 합니다. 물음에 답하세요.

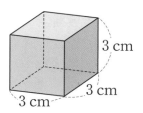

1 정육면체의 전개도를 완성해 보세요.

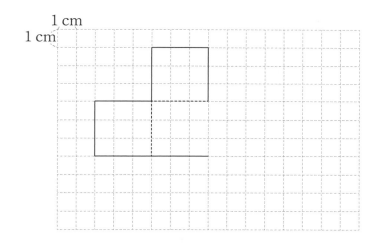

2 여섯 면의 넓이의 합으로 정육면체의 겉넓이를 구해 보세요.

$$(\text{정육면체의 겉넓이}) = 9 + 9 + 9 + \boxed{} + \boxed{} + \boxed{}$$

$$= \boxed{} (\text{cm}^2)$$

3 한 면의 넓이를 6배 하여 정육면체의 겉넓이를 구해 보세요.

$$(\text{정육면체의 겉넓이}) = \boxed{} \times 6 = \boxed{} (\text{cm}^2)$$

4 정육면체의 겉넓이를 구하려고 합니다. ☐ 안에 알맞은 수를 써넣으세요.

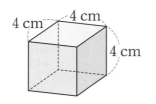

(정육면체의 겉넓이)

= (한 면의 넓이) × ☐

= ☐ × ☐ = ☐ (cm²)

5 정육면체의 겉넓이를 구해 보세요.

(1)

7 cm
7 cm
7 cm

(   ) cm²

(2)

9 cm
9 cm
9 cm

(   ) cm²

6 정육면체의 한 모서리의 길이를 △라고 할 때, 정육면체의 겉넓이를 구하는 식을 △를 사용하여 바르게 나타낸 것에 ○표 하세요.

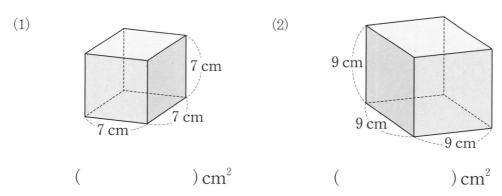

△ × △ + 6

(   )

△ × △ × 6

(   )

직육면체의 겉넓이 구하는 방법 알아보기

이름 :

날짜 :

시간 :　:　~　:

🐸 직육면체의 겉넓이 구하는 방법 알아보기 ⑤

1 겉넓이가 더 큰 직육면체의 기호를 써 보세요.

가

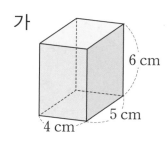

6 cm
5 cm
4 cm

나

5 cm
5 cm
5 cm

(　　　　　　)

2 두 상자 중 겉넓이가 더 큰 상자의 기호를 써 보세요.

가

나

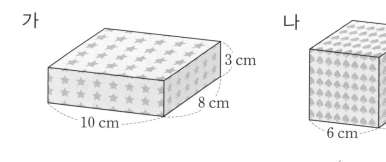

3 cm
8 cm
10 cm

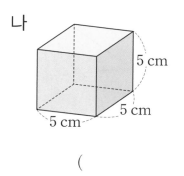

6 cm
6 cm
6 cm

(　　　　　　)

3 두 상자 중 겉넓이가 더 작은 상자의 기호를 써 보세요.

가

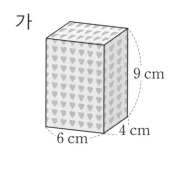

9 cm
6 cm
4 cm

나

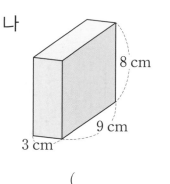

8 cm
3 cm
9 cm

(　　　　　　)

4 두 직육면체의 겉넓이의 합은 몇 cm²인가요?

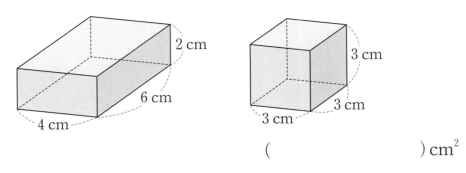

2 cm

6 cm

4 cm

3 cm

3 cm

3 cm

(   ) cm²

5 서연이와 가온이가 각각 직육면체 모양의 상자를 만들었습니다. 누가 만든 상자의 겉넓이가 얼마나 더 큰지 구해 보세요.

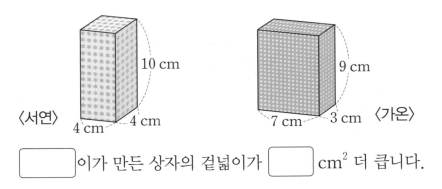

10 cm

〈서연〉 4 cm   4 cm

9 cm

7 cm   3 cm 〈가온〉

[   ]이가 만든 상자의 겉넓이가 [   ] cm² 더 큽니다.

6 두 상자의 겉넓이의 차는 몇 cm²인가요?

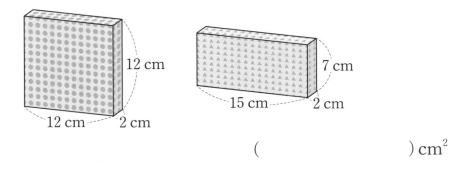

12 cm

12 cm   2 cm

7 cm

15 cm   2 cm

(   ) cm²

직육면체의 겉넓이 구하는 방법 알아보기

🐸 직육면체의 겉넓이의 활용 ①

1 다음 전개도를 이용하여 정육면체 모양의 상자를 만들었습니다. 이 상자의 겉넓이는 몇 cm²인지 식을 쓰고 답을 구해 보세요.

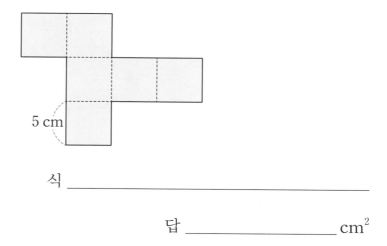

식 _____

답 _____ cm²

2 다음 전개도를 이용하여 직육면체 모양의 상자를 만들었습니다. 이 상자의 겉넓이는 몇 cm²인지 구해 보세요.

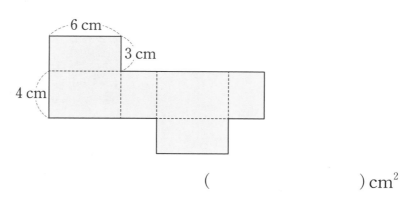

(　　　　　　　　) cm²

3 직육면체의 겉넓이가 94 cm²입니다. ☐ 안에 알맞은 수를 써넣으세요.

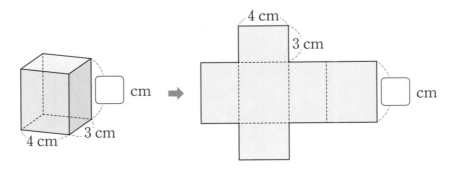

4 직육면체의 겉넓이가 216 cm²입니다. ☐ 안에 알맞은 수를 써넣으세요.

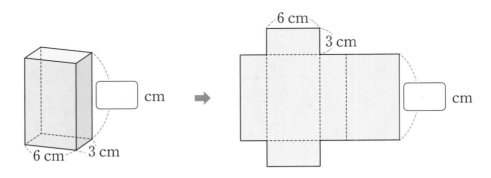

직육면체의 겉넓이 구하는 방법 알아보기

이름 :

날짜 :

시간 :   :   ~   :

😀 직육면체의 겉넓이의 활용 ②

1 왼쪽 직육면체와 겉넓이가 같은 정육면체의 한 모서리의 길이는 몇 cm인지 ▢ 안에 알맞은 수를 써넣으세요.

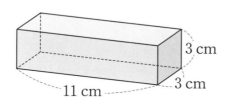
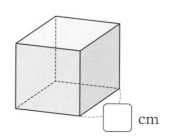

2 다음 직육면체와 겉넓이가 같은 정육면체의 한 모서리의 길이는 몇 cm인가요?

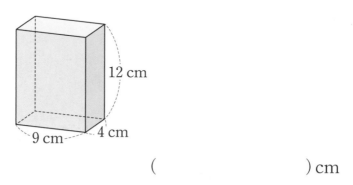

(   ) cm

3 다음 직육면체의 부피가 168 cm³일 때, 직육면체의 겉넓이는 몇 cm²인가요?

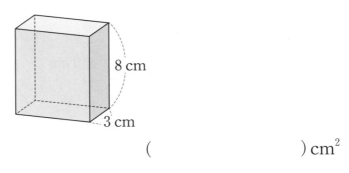

8 cm

3 cm

(   ) cm²

4 다음 직육면체의 부피가 240 cm³일 때, 직육면체의 겉넓이는 몇 cm²인가요?

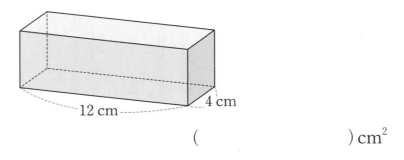

12 cm   4 cm

(   ) cm²

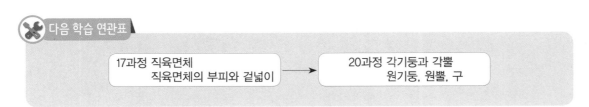

다음 학습 연관표

17과정 직육면체
직육면체의 부피와 겉넓이 → 20과정 각기둥과 각뿔
원기둥, 원뿔, 구

성취도 테스트

17과정 | 직육면체
직육면체의 부피와 겉넓이

이름	
실시 연월일	년　　　　월　　　　일
걸린 시간	분　　　　초
오답 수	/ 16

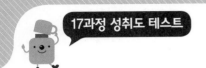

[1~2] 그림을 보고 물음에 답하세요.

가 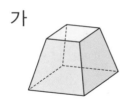 나 다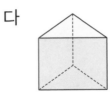

라 마 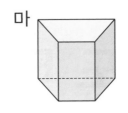 바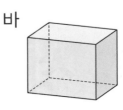

1 직육면체를 모두 찾아 기호를 써 보세요.

(   )

2 정육면체를 찾아 기호를 써 보세요.

(   )

3 직육면체를 보고 면, 모서리, 꼭짓점의 수를 각각 알아보세요.

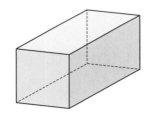

면의 수(개)	모서리의 수(개)	꼭짓점의 수(개)

4 직육면체에서 색칠한 면과 평행한 면을 찾아 색칠해 보세요.

(1) 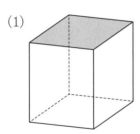   (2)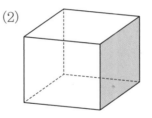

5 직육면체에서 색칠한 면이 밑면일 때, 옆면이 아닌 것은 어느 것인가요? ⋯⋯⋯⋯⋯⋯⋯⋯⋯⋯⋯⋯⋯⋯⋯⋯⋯⋯⋯ (   )

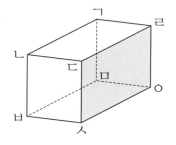

① 면 ㄱㄴㄷㄹ   ② 면 ㄱㄴㅂㅁ

③ 면 ㅁㅂㅅㅇ   ④ 면 ㄴㅂㅅㄷ

⑤ 면 ㄱㅁㅇㄹ

6 정육면체의 겨냥도를 바르게 그린 것을 찾아 기호를 써 보세요.

가   나   다   라

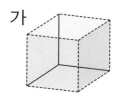 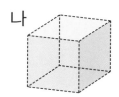 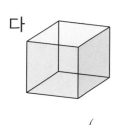 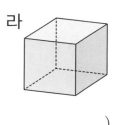

(   )

[7~8] 직육면체의 전개도를 보고 물음에 답하세요.

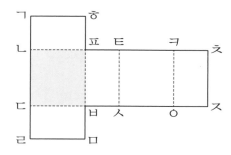

7 전개도를 접었을 때 색칠한 면과 평행한 면을 찾아 써 보세요.

(   )

8 전개도를 접었을 때 선분 ㄱㄴ과 겹쳐지는 선분을 찾아 써 보세요.

(   )

9 부피를 비교하여 ◯ 안에 >, =, <를 알맞게 써넣으세요.

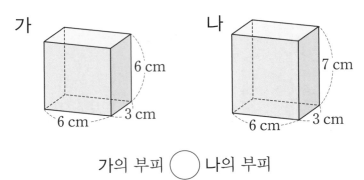

가의 부피 ◯ 나의 부피

10 부피가 1 cm³인 쌓기나무를 정육면체 모양으로 쌓았습니다. 사용된 쌓기나무는 몇 개인지 쓰고, 정육면체의 부피를 구해 보세요.

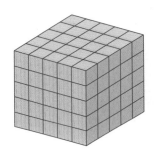

(   )개

(   ) cm³

11 직육면체의 부피는 432 cm³입니다. ☐ 안에 알맞은 수를 써넣으세요.

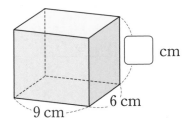

12 직육면체의 겉넓이를 구하려고 합니다. ☐ 안에 알맞은 수를 써넣으세요.

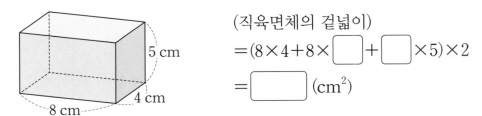

(직육면체의 겉넓이)
$= (8 \times 4 + 8 \times \boxed{} + \boxed{} \times 5) \times 2$
$= \boxed{}$ (cm²)

[13~15] 전개도를 이용하여 직육면체 모양의 상자를 만들었습니다. 이 상자의 부피와 겉넓이를 구해 보세요.

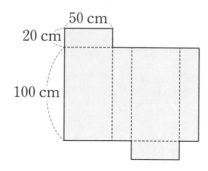

13 상자의 부피는 몇 cm³인가요?

(   ) cm³

14 상자의 부피를 m³로 나타내어 보세요.

(   ) m³

15 상자의 겉넓이는 몇 cm²인가요?

(   ) cm²

16 은우와 채연이가 직육면체 모양의 상자를 만들었습니다. 누가 만든 상자의 겉넓이가 몇 cm² 더 큰가요?

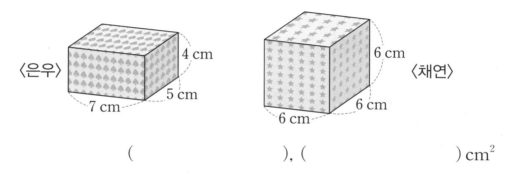

(   ), (   ) cm²

17과정 | 직육면체 / 직육면체의 부피와 겉넓이

번호	평가 요소	평가 내용	결과(O, X)	관련 내용
1	직(정)사각형 6개로 둘러싸인 도형 알아보기	직사각형 6개로 둘러싸인 도형을 찾아보는 문제입니다.		1a
2		정사각형 6개로 둘러싸인 도형을 찾아보는 문제입니다.		4a
3		직육면체에서 면, 모서리, 꼭짓점의 수를 알고 있는지 확인하는 문제입니다.		2a
4	직육면체의 성질 알아보기	직육면체에서 한 면과 평행한 면을 찾아 색칠해 보는 문제입니다.		7a
5		직육면체에서 밑면과 옆면의 관계, 즉 수직인 면을 알고 있는지 확인하는 문제입니다.		8b
6	직육면체의 겨냥도 알아보기	정육면체를 보이는 모서리는 실선으로 보이지 않는 모서리는 점선으로 그린 그림을 찾아보는 문제입니다.		11b
7	직육면체의 전개도 알아보기	전개도를 접었을 때 색칠한 면과 평행한 면을 찾아보는 문제입니다.		17a
8		전개도를 접었을 때 한 모서리와 겹쳐지는 모서리를 찾아보는 문제입니다.		17b
9	직육면체의 부피 비교하기	직육면체를 직접 맞대어 부피를 비교해 보는 문제입니다.		21a
10	직육면체의 부피 구하는 방법 알아보기	정육면체 모양으로 쌓은 쌓기나무의 수를 세어 보고, 부피를 구해 보는 문제입니다.		24b
11		직육면체의 부피를 이용하여 직육면체의 모서리의 길이를 구해 보는 문제입니다.		29a
12	직육면체의 겉넓이 구하는 방법 알아보기	직육면체에서 세 쌍의 면이 합동인 성질을 이용하여 겉넓이를 구해 보는 문제입니다.		34b
13	m^3 알아보기	전개도를 접어서 만들 수 있는 상자의 부피를 구해 보는 문제입니다.		32a
14		$1 m^3$와 $1 cm^3$의 관계를 알고 있는지 확인하는 문제입니다.		32a
15	직육면체의 겉넓이 구하는 방법 알아보기	전개도를 접어서 만들 수 있는 상자의 겉넓이를 구해 보는 문제입니다.		39a
16		직육면체 모양인 상자의 겉넓이를 구하여 누가 만든 상자의 겉넓이가 더 큰지 비교해 보는 문제입니다 .		38a

평가
기준

평가	□ A등급(매우 잘함)	□ B등급(잘함)	□ C등급(보통)	□ D등급(부족함)
오답 수	0~1	2~3	4~5	6~

• A, B등급: 다음 교재를 시작하세요.

• C등급: 틀린 부분을 다시 한번 더 공부한 후, 다음 교재를 시작하세요.

• D등급: 본 교재를 다시 구입하여 복습한 후, 다음 교재를 시작하세요.

1ab

1 가, 다, 마, 바 　　2 가, 마
3 직육면체 　　　　 4 가
5 나 　　　　　　　 6 다

〈풀이〉

2 다는 4개의 사다리꼴과 2개의 직사각형으로 둘러싸여 있습니다. 바는 2개의 사다리꼴과 4개의 직사각형으로 둘러싸여 있습니다.

2ab

1 (위에서부터) 꼭짓점, 면, 모서리
2 면, 모서리, 꼭짓점
3 6, 12, 8 　　　　 4 ○
5 × 　　　　　　　 6 ×
7 × 　　　　　　　 8 ○

3ab

1 3, 9, 7 　　　　 2
3 ②
4

5 예 직육면체는 직사각형 6개로 이루어져 있지만 주어진 도형은 그렇지 않습니다. 사다리꼴 4개와 직사각형 2개로 이루어져 있습니다.

〈풀이〉

1 보이는 면이 3개이고 보이지 않는 면이 3개입니다. 보이는 모서리가 9개이고 보이지 않는 모서리가 3개입니다. 보이는 꼭짓점이 7개이고 보이지 않는 꼭짓점이 1개입니다.

4 직육면체에서 길이가 같은 모서리는 4개씩 3쌍 있습니다

4ab

1 가, 나, 바 　　　 2 가
3 정육면체 　　　　 4 나
5 라 　　　　　　　 6 가

5ab

1 (위에서부터) 꼭짓점, 면, 모서리
2 6, 12, 8
3 정사각형, 같습니다에 ○표
4 ○ 　　　 5 ○ 　　　 6 ×
7 ○ 　　　 8 ×

〈풀이〉

8 직육면체와 정육면체는 면은 6개, 꼭짓점은 8개, 모서리는 12개로 각각 같습니다.

6ab

1 (1) 3, 3, 1　 (2) 8
2 60
3 ㉢, 정육면체의 모서리의 길이는 모두 같습니다.
4 도윤, 예 정사각형은 직사각형이라고 할 수 있으므로 정사각형으로 이루어진 정육면체는 직사각형으로 이루어진 직육면체라고 할 수 있습니다.

〈풀이〉

1 (2) 정육면체에서 보이는 꼭짓점은 7개이고, 보이지 않는 꼭짓점은 1개이므로 그 수의 합은 7+1=8(개)입니다.

2 정육면체의 모서리 길이는 모두 같으므로 주사위의 모서리 길이는 모두 5 cm입니다. 또한 모서리의 수는 12개이므로 주사위의 모든 모서리 길이의 합은 5×12=60 (cm)입니다.

4 미래가 한 말은 "직육면체는 정육면체라고 말할 수 없어."로 고칠 수 있습니다.

7ab

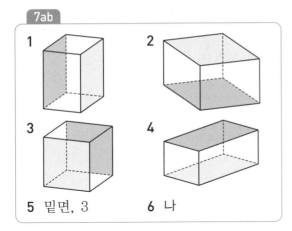

5 밑면, 3   6 나

8ab

1 (1) 면 ㄱㄴㄷㄹ, 면 ㄱㄴㅂㅁ,
       면 ㄴㅂㅅㄷ
   (2) 직각입니다에 ○표
2 90   **3** 라   **4** ③

〈풀이〉
4 색칠한 면과 마주 보는 면을 제외한 4개의
   면이 옆면입니다. 따라서 면 ㄱㄴㅂㅁ과 평
   행한 면인 면 ㄹㄷㅅㅇ이 옆면이 아닙니다.

9ab

1 (1) 면 ㄱㅁㅇㄹ
   (2) 면 ㄱㄴㄷㄹ, 면 ㄱㄴㅂㅁ,
       면 ㅁㅂㅅㅇ, 면 ㄹㄷㅅㅇ
2 면 ㅁㅂㅅㅇ, 면 ㄴㅂㅅㄷ,
   면 ㄴㅂㅁㄱ
3 (1) 면 ㄱㄴㄷㄹ, 면 ㄱㄴㅂㅁ,
       면 ㅁㅂㅅㅇ, 면 ㄹㄷㅅㅇ
   (2) 면 ㄱㄴㄷㄹ
4 (1) 3   (2) 4

〈풀이〉
4 직육면체에서 서로 평행한 면은 모두 3쌍이
   고, 한 면에 수직인 면은 모두 4개입니다.

10ab

1 (1) ○   (2) ×
2 은수, 서로 평행한 면은 모두 3쌍이야.
3 22   **4** 34

〈풀이〉
1 (2) 한 꼭짓점에서 만나는 면은 모두 3개입
   니다.
3 면 ㄱㅁㅇㄹ과 평행한 면은 면 ㄴㅂㅅㄷ입
   니다. 면 ㄴㅂㅅㄷ의 네 모서리의 길이의
   합은 6+5+6+5=22 (cm)입니다.
4 면 ㄱㄴㅂㅁ과 평행한 면은 면 ㄹㄷㅅㅇ입
   니다. 면 ㄹㄷㅅㅇ의 네 모서리의 길이의
   합은 9+8+9+8=34 (cm)입니다.

11ab

1 라, 마, 바 / 나, 다 / 가
2 3, 3 / 9, 3 / 7, 1
3 라   **4** 다

〈풀이〉
3~4 보이는 모서리는 실선으로, 보이지 않는
   모서리는 점선으로 그린 그림을 찾습니다.

12ab

1
2
3
4
5
6

7

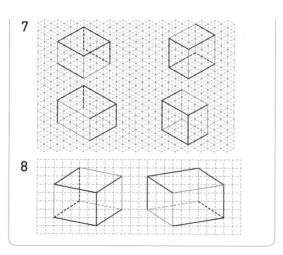

8

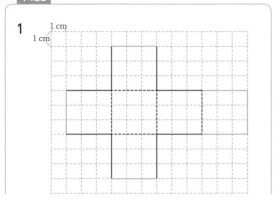

13ab

1

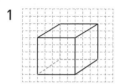

⟮예⟯ 보이지 않는 부분은 점선으로 표시
해야 합니다.

2 ㄴ, 보이지 않는 꼭짓점은 1개입니다.

3 36   **4** 18   **5** 48

〈풀이〉

5 직육면체에는 길이가 같은 모서리가 4개씩
3쌍 있습니다. 따라서 모든 모서리의 길이
의 합은 (5+3+4)×4=48 (cm)입니다.

14ab

1

2 (1)

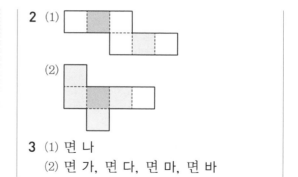

(2)

3 (1) 면 나
    (2) 면 가, 면 다, 면 마, 면 바

15ab

1 ⑤

2 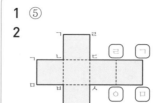   **3** 점 ㄴ, 점 ㅇ
               4 선분 ㄱㄴ
               5 면 바

6 면 가, 면 나, 면 라, 면 바

〈풀이〉

1 ①, ②, ③, ④ ⇨ 수직, ⑤ ⇨ 평행

4 점 ㅈ은 점 ㄱ, 점 ㅋ과 만나고, 점 ㅇ은 점
ㄴ, 점 ㅂ과 만나므로 선분 ㅈㅇ과 겹쳐지
는 선분은 선분 ㄱㄴ입니다.

16ab

1 바

2 ⟮예⟯ 바는 전개도를 접었을 때 겹치는
면이 있어 전개도가 될 수 없습니다.

3 가, 나, 라

4 ⟮예⟯

〈풀이〉

2 바가 전개도가 되려면 겹쳐진 한 면이 겹치지 않는 곳으로 이동해야 합니다.

17ab

1 (1) 면 라   (2) 면 다
   (2) 면 가, 면 나, 면 라, 면 바

2

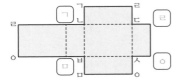

3 점 ㄷ, 점 ㅋ   **4** 선분 ㅋㅊ
5 선분 ㅁㄹ
6

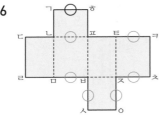

〈풀이〉

1 (2) 면 마와 평행한 면을 찾습니다.

4 점 ㄷ은 점 ㄱ, 점 ㅋ과 만나고, 점 ㄹ은 점 ㅇ, 점 ㅊ과 만나므로 선분 ㄷㄹ과 겹쳐지는 선분은 선분 ㅋㅊ입니다.

18ab

1 다   **2** 가, 라
3 (1) (왼쪽에서부터) 6, 4, 7
   (2) (왼쪽에서부터) 3, 7, 5
4 (왼쪽에서부터) 5, 4, 3

〈풀이〉

1 다는 전개도를 접었을 때 겹치는 면이 있으므로 직육면체의 전개도가 아닙니다.

19ab

1

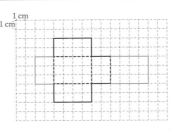

2

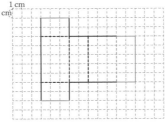

3

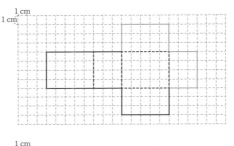

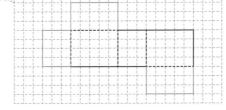

20ab

1 예

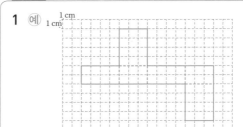

2 예
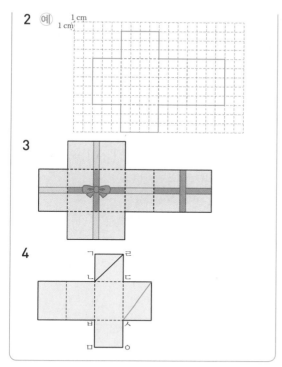

3

4

〈풀이〉

4
면 ㄱㄴㄷㄹ에서 점 ㄹ과 점 ㄴ, 면 ㄷㅅㅇㄹ에서 점 ㄹ과 점 ㅅ을 잇는 선을 긋습니다.

21ab

1 나　　　**2** >　　　**3** 나, 다, 가
4 가, 나, 예 직접 맞대어 부피를 비교하려면 가로, 세로, 높이 중에서 두 종류 이상의 길이가 같아야 합니다. 가와 나는 5 cm, 8 cm인 변의 길이가 같기 때문에 직접 맞대어 부피를 비교할 수 있습니다.

〈풀이〉

3 세 직육면체가 모두 세로와 높이가 같으므로 가로가 길수록 직육면체의 부피가 큽니다. ⇨ 나>다>가

22ab

1 (1) 36　(2) 24　(3) 가　　**2** 나
3 (1) 24, 24, 27　(2) 다　　**4** 나

〈풀이〉

2 가 상자에 8개씩 4층으로 32개, 나 상자에 9개씩 4층으로 36개를 담을 수 있으므로 나 상자에 더 많이 담을 수 있습니다.

23ab

1 (1) 27, 32　(2) 나　　　**2** =
3 (1) 24　(2) 24
　(3) 예 부피가 같다고 말할 수 없습니다.
　(4) 예 담을 수 있는 과자 상자와 벽돌의 수는 같지만 단위의 모양과 크기가 다르기 때문에 개수만으로는 부피를 비교하기 어렵습니다.

24ab

1 1 cm^3, 1 세제곱센티미터
2 각설탕에 ○표
3 18, 16 / 18, 16
4 24, 32

25ab

1 4, 8, 12 / 4, 8, 12
　예 밑에 놓인 면의 가로가 2배, 3배가 되면 부피도 2배, 3배가 됩니다.
2 4, 8, 12 / 4, 8, 12
　예 밑에 놓인 면의 세로가 2배, 3배가 되면 부피도 2배, 3배가 됩니다.
3 4, 8, 12 / 4, 8, 12
　예 높이가 2배, 3배가 되면 부피도 2배, 3배가 됩니다.
4 2, 4, 8 / 2, 4, 8

26ab

1 (1) 120 (2) 120
(3) 예 직육면체의 가로, 세로, 높이를 곱합니다.
(4) 가로, 세로, 높이 / 높이
2 (1) 4, 4, 4, 64
(2) 한 모서리의 길이, 한 모서리의 길이
3 (1) 5, 5, 125 (2) 5, 5, 125

27ab

1 6, 5, 120
2 10, 15, 10, 1500
3 105 **4** 9, 9, 9, 729
5 6, 6, 6, 216 **6** 512

〈풀이〉

3 (직육면체의 부피)=(가로)×(세로)×(높이)
=3×5×7=105 (cm³)

6 (정육면체의 부피)=8×8×8=512 (cm³)

28ab

1 64, 150, 3400
2 ㉠
3 6×4×3=72, 72
4 10×12×6=720, 720
5 125

〈풀이〉

2 ㉠ 5×18×4=360 (cm³)
㉡ 11×15×2=330 (cm³)
㉢ 7×7×7=343 (cm³)
따라서 부피가 가장 큰 물건은 ㉠입니다.

5 세 모서리의 길이의 합이 15 cm이므로 한 모서리의 길이는 5 cm입니다.
(정육면체의 부피)=5×5×5=125 (cm³)

29ab

1 5 **2** 7 **3** 6
4 9 **5** 8 **6** 10

〈풀이〉

1 (직육면체의 부피)=(가로)×(세로)×(높이)이므로
7×6×(높이)=210, 42×(높이)=210,
(높이)=210÷42=5 (cm)입니다.

5 왼쪽 직육면체의 부피는
9×4×4=144 (cm³)이므로 오른쪽 직육면체의 부피는 6×3×□=144 (cm³)입니다.
따라서 18×□=144, □=8 (cm)입니다.

30ab

1 2 **2** 3 **3** 9
4 예 (3, 4, 6), (4, 2, 9)
5 예 (2, 3, 20), (3, 4, 10), (4, 5, 6)

〈풀이〉

1 작은 정육면체 2×2×2=8(개)로 쌓은 모양입니다. 쌓은 정육면체 모양의 부피가 64 cm³이므로 작은 정육면체 하나의 부피는 64÷8=8 (cm³)입니다.
2×2×2=8 (cm³)이므로 작은 정육면체의 한 모서리의 길이는 2 cm입니다.

3 3×3×3=27(개)이므로 쌓은 정육면체의 한 모서리에 주사위가 3개씩 놓입니다.
따라서 쌓은 정육면체의 한 모서리의 길이는 3×3=9 (cm)입니다.

31ab

1 1 m³, 1 세제곱미터
2 100, 100, 1000000 / 1000000
3 6000 cm³
4 21 cm³ **5** 30 m³

32ab

1 (1) 3, 2, 4　(2) 24
2 (1) 2, 0.8, 1　(2) 1.6
3 (위에서부터) 5, 5 / 125000000, 125
4 (위에서부터) 6, 2 / 48000000, 48
5 (1) 1000000　(2) 1
　 (3) 7000000　(4) 5
　 (5) 2500000　(6) 4.3
　 (7) 30000000　(8) 60

〈풀이〉

3 $500 \times 500 \times 500 = 125000000$ (cm^3)
　 $5 \times 5 \times 5 = 125$ (m^3)
　 ⇨ 125000000 cm^3=125 m^3

5 (5) 1 m^3=1000000 cm^{3}이므로
　　 2.5 m^3=2500000 cm^{3}입니다.
　 (6) 1000000 cm^3=1 m^{3}이므로
　　 4300000 cm^3=4.3 m^{3}입니다.

33ab

1 (1) 0.24　(2) 2.76
2 80000000, 80　**3** 나, 6
4 550000　　　**5** ⓒ, ⊙, ⓔ, ⓓ
6 ⓓ, ⓒ, ⊙, ⓔ

〈풀이〉

3 (가의 부피)=$4 \times 2 \times 3 = 24$ (m^3)
　 200 cm=2 m이므로
　 (나의 부피)=$2 \times 3 \times 5 = 30$ (m^3)
　 따라서 나의 부피가 $30-24=6$ (m^3) 더 큽니다.

5 ⊙ $2 \times 2 \times 2 = 8$ (m^3)
　 ⓒ 7000000 cm^3=7 m^3
　 ⓓ $3 \times 4 \times 2 = 24$ (m^3)
　 ⓔ 12 m^3
　 따라서 부피가 작은 순서대로 쓰면 ⓒ, ⊙, ⓔ, ⓓ입니다.

34ab

1 (6, 5, 30), (6, 3, 18), (5, 3, 15),
　 (6, 3, 18), (5, 3, 15), (6, 5, 30)
2 30, 18, 15, 18, 15, 30 / 126
3 30, 18, 15 / 126
4 22, 3, 6, 5 / 126

35ab

1 예 70, 40, 28, 70, 40, 28 / 276
2 예 70, 40, 28 / 276
3 34, 4, 10, 7 / 276
4 서준, 수아
5 서준: $(12 \times 5 + 12 \times 6 + 5 \times 6) \times 2$
　　　 $=324$ (cm^2)
　 수아: $12 \times 5 \times 2 + (12+5+12+5) \times 6$
　　　 $=324$ (cm^2)

36ab

1 (1) 8, 20, 10, 20, 10, 8　(2) 76
2 20, 24, 148
3 102　　**4** 88　　**5** 94
6 214　　**7** 184　　**8** 484

〈풀이〉

3 $(21+21+9) \times 2 = 102$ (cm^2)

4 $(24+8+12) \times 2 = 88$ (cm^2)

37ab

1 예
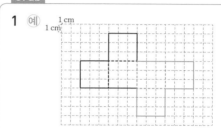

2 9, 9, 9 / 54　　**3** 9, 54

4 6 / 16, 6, 96
5 (1) 294　(2) 486
6 (　)(○)

〈풀이〉
5 (1) $7 \times 7 \times 6 = 294 \ (cm^2)$
　(2) $9 \times 9 \times 6 = 486 \ (cm^2)$

6 정육면체는 여섯 면의 넓이가 모두 같으므로 한 면의 넓이를 6배 하면 정육면체의 겉넓이를 구할 수 있습니다.

38ab

1 나　　　　**2** 가
3 가　　　　**4** 142
5 가온, 30　**6** 86

〈풀이〉
1 가: $(20+24+30) \times 2 = 148 \ (cm^2)$
　나: $5 \times 5 \times 6 = 150 \ (cm^2)$
　따라서 겉넓이가 더 큰 직육면체는 나입니다.

5 서연: $(16+40+40) \times 2 = 192 \ (cm^2)$
　가온: $(21+63+27) \times 2 = 222 \ (cm^2)$
　따라서 가온이가 만든 상자의 겉넓이가
　$222-192=30 \ (cm^2)$ 더 큽니다.

39ab

1 $5 \times 5 \times 6 = 150$, 150
2 108　　　**3** 5, 5
4 10, 10

〈풀이〉
3 (직육면체의 겉넓이)
　=(옆면의 넓이)+(한 밑면의 넓이)×2
　(옆면의 넓이)+$4 \times 3 \times 2 = 94$이므로
　옆면의 넓이는 $94-24=70 \ (cm^2)$입니다.
　(옆면의 넓이)=(옆면의 가로)×(옆면의 세로)
　이므로 $(3+4+3+4) \times \square = 70$, $14 \times \square = 70$,
　$\square = 5 \ (cm)$입니다.

40ab

1 5　　　　**2** 8
3 202　　　**4** 256

〈풀이〉
1 (직육면체의 겉넓이)
　=$(33+33+9) \times 2 = 150 \ (cm^2)$
　직육면체와 정육면체의 겉넓이는 같으므로
　(정육면체의 겉넓이)=$\square \times \square \times 6 = 150 \ (cm^2)$
　$\square \times \square = 25$, $\square = 5 \ (cm)$

3 직육면체의 가로를 $\square$ cm라고 하면
　(직육면체의 부피)=$\square \times 3 \times 8 = 168 \ (cm^3)$
　$\square \times 24 = 168$, $\square = 7 \ (cm)$
　(직육면체의 겉넓이)=$(21+56+24) \times 2$
　　　　　　　　　　$= 202 \ (cm^2)$

성취도 테스트

1 나, 바　　　　**2** 나
3 6, 12, 8
4 (1)　　　　(2)

5 ②　　　　**6** 라
7 면 ㅌㅅㅇㅋ　**8** 선분 ㅋㅊ
9 <　　　　**10** 125, 125
11 8　　　　**12** 5, 4 / 184
13 100000　**14** 0.1
15 16000　　**16** 채연, 50

〈풀이〉
13 (상자의 부피)=$50 \times 20 \times 100$
　　　　　　　　$= 100000 \ (cm^3)$

14 $1000000 \ cm^3 = 1 \ m^3$이므로
　$100000 \ cm^3 = 0.1 \ m^3$

15 (상자의 겉넓이)
　=$(50 \times 20 + 50 \times 100 + 20 \times 100) \times 2$
　=$8000 \times 2 = 16000 \ (cm^2)$